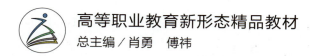
高等职业教育新形态精品教材

总主编／肖勇　傅祎

3ds Max基础与实例教程

主　编　高欣怡　胡小玲　伍江华
副主编　刘子锐　任慧敏　黄玉秀　刘小斌
参　编　李士丹　黄纬维　许业进　梁　桃
　　　　范燕侠　李　莉

3DS MAX BASIC AND INSTANCE TUTORIALS

北京理工大学出版社
BEIJING INSTITUTE OF TECHNOLOGY PRESS

内容提要

本书共包含10个项目，主要内容包括3ds Max的工作界面及基本操作，基本体、样条线、修改器、多边形等基础建模技术，灯光、材质、贴图和摄影机创建技术，渲染设置、场景动画和全景效果图制作技术。本书配有大量的案例，采用项目式教学法，让学生的学习更高效，提升学生的学习兴趣。

本书可作为高等职业院校室内设计、广告设计、动漫设计、工业设计等专业的教材，也可作为相关从业人员的参考书。

版权专有　侵权必究

图书在版编目（CIP）数据

3ds Max基础与实例教程／高欣怡，胡小玲，伍江华主编.—北京：北京理工大学出版社，2022.7重印

ISBN 978-7-5682-7496-8

Ⅰ.①3… Ⅱ.①高… ②胡… ③伍… Ⅲ.①三维动画软件-教材 Ⅳ.①TP391.414

中国版本图书馆CIP数据核字（2019）第187578号

出版发行 / 北京理工大学出版社有限责任公司	
社　　址 / 北京市海淀区中关村南大街5号	
邮　　编 / 100081	
电　　话 / （010）68914775（总编室）	
（010）82562903（教材售后服务热线）	
（010）68944723（其他图书服务热线）	
网　　址 / http：//www.bitpress.com.cn	
经　　销 / 全国各地新华书店	
印　　刷 / 河北鑫彩博图印刷有限公司	
开　　本 / 889毫米×1194毫米　1/16	责任编辑 / 钟　博
印　　张 / 10	文案编辑 / 钟　博
字　　数 / 326千字	责任校对 / 周瑞红
版　　次 / 2022年7月第1版第4次印刷	责任印制 / 边心超
定　　价 / 58.00元	

图书出现印装质量问题，请拨打售后服务热线，本社负责调换

总序 GENERAL PREFACE

20世纪80年代初，中国真正的现代艺术设计教育开始起步。20世纪90年代末以来，中国现代产业迅速崛起，在现代产业大量需求设计人才的市场驱动下，我国各大院校实行了扩大招生的政策，艺术设计教育迅速膨胀。迄今为止，几乎所有的高校都开设了艺术设计类专业，艺术设计类专业已经成为最热门的专业之一，中国已经发展成为世界上最大的艺术设计教育大国。

但我们应该清醒地认识到，艺术和设计是一个非常庞大的教育体系，包括了设计教育的所有科目，如建筑设计、室内设计、服装设计、工业产品设计、平面设计、包装设计等，而我国的现代艺术设计教育尚处于初创阶段，教学范畴仍集中在服装设计、室内装潢、视觉传达等比较单一的设计领域，设计理念与信息产业的要求仍有较大的差距。

为了符合信息产业的时代要求，中国各大艺术设计教育院校在专业设置方面提出了"拓宽基础、淡化专业"的教学改革方案，在人才培养方面提出了培养"通才"的目标。正如姜今先生在其专著《设计艺术》中所指出的"工业+商业+科学+艺术=设计"，现代艺术设计教育越来越注重对当代设计师知识结构的建立，在教学过程中不仅要传授必要的专业知识，还要讲解哲学、社会科学、历史学、心理学、宗教学、数学、艺术学、美学等知识，以培养出具备综合素质能力的优秀设计师。另外，在现代艺术设计院校中，对设计方法、基础工艺、专业设计及毕业设计等实践类课程也越来越注重教学课题的创新。

理论来源于实践、指导实践并接受实践的检验，我国现代艺术设计教育的研究正是沿着这样的路线，在设计理论与教学实践中不断摸索前进。在具体的教学理论方面，十几年前或几年前的教材已经无法满足现代艺术设计教育的需求，知识的快速更新为现代艺术设计教育理论的发展提供了新的平台，兼具知识性、创新性、前瞻性的教材不断涌现出来。

随着社会多元化产业的发展，社会对艺术设计类人才的需求逐年增加，现在全国已有1 400多所高校设立了艺术设计类专业，而且各高等院校每年都在扩招艺术设计专业的学生，每年的毕业生超过10万人。

随着教学的不断成熟和完善，艺术设计类专业科目的划分越来越细致，涉及的范围也越来越广泛。我们通过参考大量国内外著名设计类院校的相关教学资料，深入学习各相关艺术院校的成功办学经验，同时邀请资深专家进行讨论认证，发觉有必要推出一套新的、较为完整、系统的专业院校艺术设计教材，以适应当前艺术设计教学的需求。

我们策划出版的这套艺术设计类系列教材，是根据多数专业院校的教学内容安排设定的，所涉及的专业课程主要有艺术设计专业基础课程、平面广告设计专业课程、环境艺术设计专业课程、动画专业课程等。同时还以专业为系列进行了细致的划分，内容全面、难度适中，能满足各专业教学的需求。

本套教材在编写过程中充分考虑了艺术设计类专业的教学特点，把教学与实践紧密地结合起来，参照当今市场对人才的新要求，注重应用技术的传授，强调对学生实际应用能力的培养，而且每本教材都配有相应的电子教学课件或素材资料，可大大方便教学。

　　在内容的选取与组织上，本套教材以规范性、知识性、专业性、创新性、前瞻性为目标，以项目训练、课题设计、实例分析、课后思考与练习等多种方式，引导学生考察设计施工现场，学习优秀设计作品实例，力求教材内容结构合理、知识丰富、特色鲜明。

　　本套教材在知识层面上也有重大创新，做到了紧跟时代步伐，在新的教育环境下，引入了全新的知识内容和教育理念，具有较强的针对性、实用性及时代感，是当代中国艺术设计教育的新成果。

　　本套教材自出版后，受到了广大院校师生的赞誉和好评。经过广泛评估及调研，我们特意遴选了一批销量好、内容经典、市场反响好的教材进行了信息化改造升级，除了对内文进行全面修订外，还配套了精心制作的微课、视频，提供了相关阅读拓展资料。同时将策划出版选题中具有信息化特色、配套资源丰富的优质稿件也纳入本套教材中出版，并将丛书名由原先的"21世纪高等院校精品规划教材"调整为"全国高等职业院校艺术设计类'十三五'规划教材"，以适应当前信息化教学的需要。

　　全国高等职业院校艺术设计类"十三五"规划教材是对信息化教材的一种探索和尝试。为了给相关专业的师生提供更多增值服务，我们还特意开通了"建艺通"微信公众号，负责对教材配套资源进行统一管理，并为读者提供行业资讯及配套资源下载服务。如果您在使用过程中有任何建议或疑问，可通过"建艺通"微信公众号向我们反馈。

　　中国艺术设计类专业的发展会随着市场经济的深入而逐步改变，也会随着教育体制的健全而不断完善，但这个过程中出现的一系列问题，还有待我们进一步思考和探索。我们相信，中国艺术设计教育的未来必将呈现出百花齐放、欣欣向荣的景象！

肖　勇　傅　祎

"建艺通"微信公众号

前言 PREFACE

随着计算机的发展，三维软件制作技术作为一种新兴技术，在建筑、影视、游戏、广告、工业设计、教育、军事等多个领域得到了广泛的应用。3ds Max 是由 Autodesk 公司开发的集造型、渲染和动画制作于一体的三维制作软件，其功能强大，扩展性好，且操作简单。

高等院校教学侧重于提升学生的专业技术能力和实践能力，3ds Max 软件应用作为多个专业的核心课程，其教材应紧扣提升学生的专业技术能力及实践能力这一目标。基于此，本书具有以下特点：

（1）内容详尽，配套微课、视频等素材。

本书通过对基础知识细致入微的介绍，配合实例，对常用工具、命令进行详细介绍，同时配有微课、视频等素材，确保学生轻松快速地入门。

（2）案例丰富，配套"难度进阶"以提升学生的学习技能。

本书案例丰富，致力于让学生边练边学，以项目式教学法实施教学，通过案例讲解，提升学生的学习兴趣；大部分案例配有"难度进阶"，可对学生进行有针对性的教学，提升学生的软件应用技能。

（3）编写模式新颖，注重学生的学习规律。

本书采取了"学习要点 + 案例实战 + 拓展练习 + 难度进阶"的编写模式，循序渐进地培养学生的专业技能。

本书项目 1 由胡小玲编写，项目 2、项目 3、项目 4 由高欣怡编写，项目 5 由任慧敏编写，项目 6 由刘小斌编写，项目 7 由刘子锐编写，项目 8、项目 9 由黄玉秀编写，项目 10 由伍江华编写，李士丹、黄纬维、许业进、梁桃、范燕侠、李莉参与各项目校对。

本书的编写得到了多所院校老师的大力支持，在此深表感谢。

尽管编者在编写过程中付出了很大努力，但由于水平有限，书中难免有疏漏之处，恳请相关院校的师生和读者在使用过程中批评指正。

编 者

目录 CONTENTS

项目 1　初识 3ds Max ········· 001
1.1　概述 ········· 001
1.2　3ds MAX 2014 的工作界面及基本操作 ········· 001

项目 2　几何体建模 ········· 011
2.1　创建标准基本体 ········· 011
【案例实战】用长方体制作艺术书架 ········· 012
【拓展练习】用圆柱体制作个性茶几 ········· 017
2.2　创建扩展基本体 ········· 021
【案例实战】用切角长方体制作单人沙发 ········· 022
【案例实战】用异面体制作艺术台灯 ········· 026
2.3　创建复合对象 ········· 028
【案例实战】用超级布尔运算制作中式茶桌 ········· 029
2.4　快速创建其他常用基本模型 ········· 034

项目 3　二维图形建模 ········· 036
3.1　创建样条线 ········· 036
【案例实战】用样条线制作简约晾衣架 ········· 037
【拓展练习】用样条线制作时尚挂钟 ········· 040
3.2　编辑样条线 ········· 043
【案例实战】用样条线制作窗帘 ········· 044
【拓展练习】用样条线制作艺术花瓶 ········· 048

项目 4　修改器建模 ········· 052
4.1　概述 ········· 052
4.2　修改器建模 ········· 053
【案例实战】用"车削"修改器制作台灯 ········· 053
【拓展练习】用"弯曲"工具制作创意落地灯 ········· 055
【拓展练习】用"晶格"命令制作藤椅 ········· 059

项目 5　多边形建模 ········· 061
5.1　概述 ········· 061
5.2　编辑多边形常用命令 ········· 061
【案例实战】用多边形制作靠背椅 ········· 068

【拓展练习】用多边形制作床头柜 ········· 082

项目 6　灯光的创建与编辑 ········· 087
6.1　光度学灯光的创建与编辑 ········· 087
【案例实战】用目标灯光制作壁灯 ········· 088
6.2　标准灯光的创建与编辑 ········· 090
【案例实战】用目标聚光灯制作餐厅吊灯 ········· 090
6.3　VRay 灯光的创建与编辑 ········· 092
【案例实战】用 VRay 灯光制作艺术壁灯 ········· 093
【案例实战】用 VRay 灯光制作灯带 ········· 095
【案例实战】用 VRay 灯光制作黄昏书房 ········· 097

项目 7　材质与贴图 ········· 100
7.1　标准材质设置 ········· 100
7.2　VRay 材质设置 ········· 102
7.3　综合案例 ········· 104
【案例实战】客厅空间场景材质设置 ········· 104

项目 8　摄影机的创建与编辑 ········· 128
8.1　概述 ········· 128
8.2　常用摄影机设置 ········· 129
【案例实战】用目标摄影机制作场景 ········· 131
【案例实战】用物理摄影机制作场景 ········· 137

项目 9　渲染设置 ········· 142
9.1　草图渲染参数设置 ········· 142
9.2　最终渲染图参数设置 ········· 143

项目 10　场景动画效果及全景效果图的制作 ········· 145
10.1　概述 ········· 145
10.2　场景动画效果的设置 ········· 148
【案例实战】制作场景动画效果 ········· 148
10.3　全景效果图制作 ········· 152
【案例实战】制作全景效果图 ········· 152

PROJECT ONE

项目 1　初识 3ds Max

项目导学

学习 3ds Max，首先要了解 3ds Max 的工作界面和基本操作，这样才会对 3ds Max 有一个基本的了解。通过本项目，可以学会很多简单且常用的工具的操作。

学习要点

（1）3ds Max 2014 的工作界面；
（2）3ds Max 2014 的基本操作。

1.1　概述

使用 3ds Max 2014 不仅可以进行基础建模、高级建模、灯光设计、摄影机创建、材质和贴图创建、渲染等操作，以制作各种模型、场景效果，还可以进行建筑设计和工业设计。安装好 3ds Max 2014 后，可以通过双击桌面上的图标快速打开软件，或者从安装程序处打开软件。

1.2　3ds MAX 2014 的工作界面及基本操作

3ds Max 2014 的工作界面包括标题栏、视口区域、菜单栏、主工具栏、命令面板、状态栏等。默认状态下主工具栏和命令面板分别在工作界面的左上方和右侧，如图 1-1 所示。

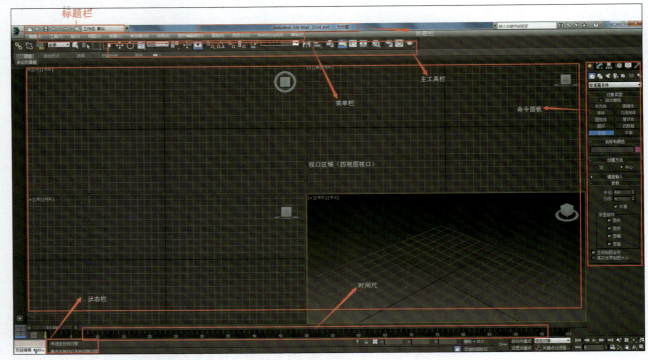

图 1-1

1.2.1 标题栏

3ds Max 2014 的标题栏中包含当前文件名称、软件版本信息等内容，分为软件图标、快速访问工具栏、文件名称和信息中心 4 个部分，如图 1-2 所示。

图 1-2

1. 软件图标

单击软件图标，弹出一个用于管理场景文件的下拉菜单。这个菜单与之前版本的"文件"菜单类似，主要包括管理图形文件的命令和最近使用的文档两个部分。单击"最近使用的文档"下方的小三角形按钮，可以切换图标的显示方式，如图 1-3 所示。

管理图形文件的命令包括以下内容：

（1）新建：用于新建场景，包括"新建全部""保留对象""保留对象和层次"3 种方式。

（2）重置：执行该命令可以清除所有数据，重置 3ds Max 设置（包括视口配置、捕捉设置、材质编辑器、背景图像等）。选择重置功能可以快速还原场景，并且可以移除当前所做的任何自定义设置。

（3）打开：用于打开场景，包括"打开""从文件中打开"两种方式。

（4）保存：保存当前场景。第一次保存当前场景，会打开"文

图 1-3

件另存为"对话框,在对话框中可以设置文件的保存位置、名称以及保存的类型等。

（5）另存为：可将当前场景文件另存一份,包含"另存为""保存副本为""保存选定对象""归档"4种方式。

（6）导入：执行该命令可以将场景外的文件导入当前场景,包括"导入""合并""替换""链接Revit""链接FBX"和"链接AutoCAD"6种方式。

（7）导出：将场景中的几何体对象导出为其他格式的文件,包括"导出""导出选定对象"和"导出到DWF"3种方式。

（8）发送到：将当前场景文件发送到其他软件中,以实现交互式操作。

（9）参考：将外部的参考文件导入场景中以供用户参考。

（10）管理：对3ds Max的相关资源进行管理,管理方式为"设置项目文件夹"。

（11）属性：显示当前场景的摘要信息和文件属性。

（12）选项：执行该命令,打开"首选项设置"对话框,可以设置3ds Max中的所有选项,如图1-4所示。

（13）退出3ds Max：执行该命令,可退出3ds Max软件（快捷键"Alt+F4"）。

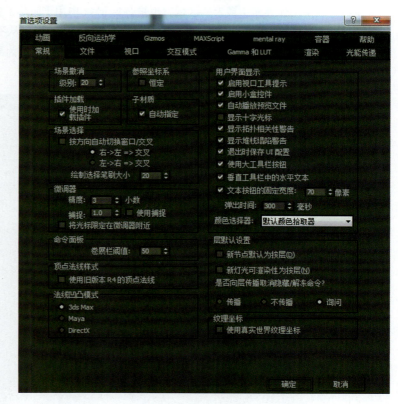

图 1-4

2. 快速访问工具栏

快速访问工具栏集合了用于管理场景文件的常用命令,便于用户快速管理场景文件。用户也可以根据个人喜好对快速访问工具栏进行设置,如图1-5和图1-6所示。

图 1-5　　　　　　　　图 1-6

3. 文件名称

文件名称包含程序名称及文件名,当打开程序时,显示为 Autodesk 3ds Max 2014 x64　无标题 ,输入文件名"客厅"并保存后,则显示为 Autodesk 3ds Max 2014 x64　客厅.max 。

4. 信息中心

信息中心（ 键入关键字或短语 ）用于访问3ds Max 2014和其他Autodesk产品的信息。

1.2.2 视口区域

视口区域是工作界面中最大的区域,也是 3ds Max 中用于实际工作的区域,默认状态下显示为 4 个视图,即"顶视图""左视图""前视图"和"透视图"。在这些视图中,可以从不同的角度对场景中的对象进行观察及编辑。每个视图的左上角都会显示视图的名称及模型的显示方式,右上角为导航器显示状态,根据当前视图的不同而有所变化,如图 1-7 所示。

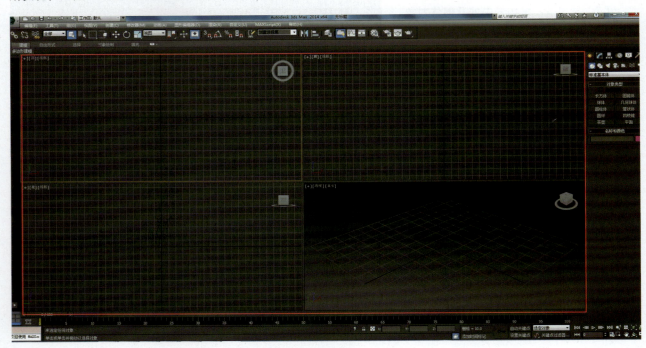

图 1-7

每个视图左上角处都有 3 个部分:第一部分为"视口控件",单击此按钮会弹出"最大化视口""活动视口""禁用视口"等菜单命令,如图 1-8 所示;第二部分为"视图控件",单击此按钮将弹出切换视图类型的菜单,如图 1-9 所示;第三部分为"视觉样式控件",如图 1-10 所示。

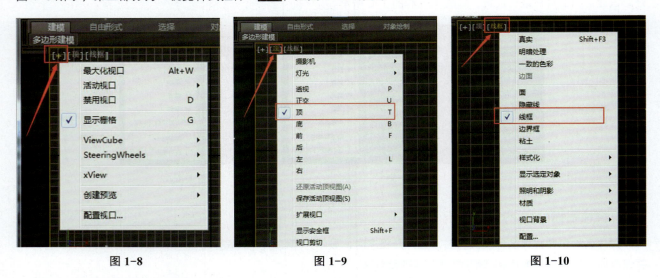

图 1-8　　　　　　　　　图 1-9　　　　　　　　　图 1-10

通过视图导航器可以快速转换视图,从各个不同方位观察场景中的对象。如在顶视图中绘制一个茶壶,各个视图的效果如图 1-11 所示。

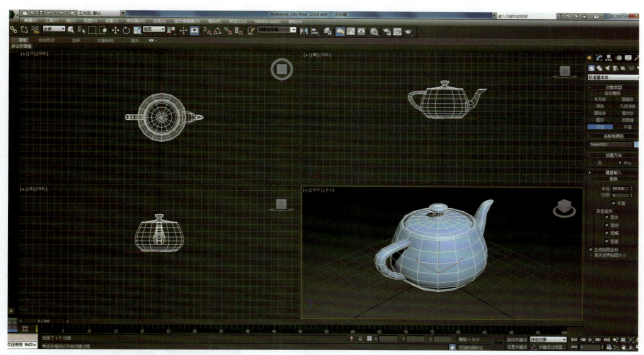

图 1-11

1.2.3 菜单栏

菜单栏位于工作界面的顶端,分为 12 个主菜单。单击菜单栏中的主菜单按钮即可显示下拉菜单。

如单击"自定义"按钮,可弹出"自定义"下拉菜单,如图 1-12 所示。若下拉菜单右侧有扩展三角按钮,说明其还有子菜单,如图 1-13 所示。

　　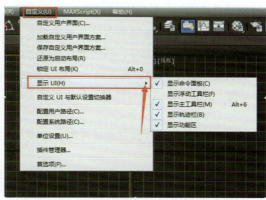

图 1-12　　　　　　　　　　　　　图 1-13

1.2.4 主工具栏

主工具栏集合了最常用的一些编辑工具,默认状态下的主工具栏如图 1-14 所示。

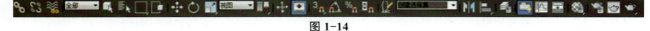

图 1-14

其中一些工具右下角有扩展三角按钮,单击即会弹出下拉工具列表,如图 1-15 所示。在主工具栏空白处单击鼠标右键可以调出隐藏的工具栏,如图 1-16 所示。

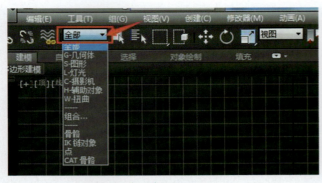

图 1-15　　　　　　　　　　　　　　图 1-16

（1）选择并链接：主要用于建立对象之间的父子链接与定义层级关系。

（2）断开当前选择链接：与"选择并链接"工具的作用相反，主要用于取消对象之间的链接与层级关系，即取消对象的父子链接关系。

（3）绑定到空间扭曲：可以将选定的对象绑定到空间扭曲的对象上，使其受空间扭曲对象的影响。

（4）过滤器：主要用来过滤无须选择的对象类型，对于批量选择的同一类型的对象非常有用。如在下拉列表中选择"摄影机"选项，如图 1-17 所示，场景中除了摄影机以外的所有几何体、图形、灯光等都不能被选中。这个工具对于复杂、庞大的场景非常有用。

（5）选择对象：主要用来选择对象，可以进行单选、框选、加选、减选、反选、孤立选择等。

（6）名称选择：单击"名称选择"工具按钮，弹出"从场景选择"对话框，可以按照名称选择对象，如图 1-18 所示。

（7）选择区域：配合选择对象一起使用，共有 5 种模式，分别是"矩形选择区域""圆形选择区域""围栏选择区域""套索选择区域""绘制选择区域"。

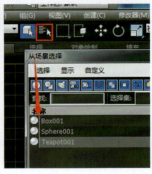

图 1-17　　　　　　　　　　图 1-18

（8）窗口/交叉选择：主要控制选择区域所能选择的对象。当该工具处于未激活状态时，使用选择工具选择对象，只要区域中包含对象的一部分，该对象就会被选择；当该工具处于激活状态时，只有将对象全部包含在区域内才会将其选中。实际工作时，该工具一般处于未激活状态。

（9）选择并移动：主要用来选择和移动对象，在该工具按钮上单击鼠标右键，会弹出"移动变化输入"对话框。

（10）选择并旋转：主要用来选择并旋转对象，在该工具按钮上单击鼠标右键，会弹出"旋转变化输入"对话框。

（11）选择并缩放：主要用来选择并缩放对象，在该工具按钮上单击鼠标右键，会弹出"缩放变化输入"对话框，输入数值可以精确缩放所选对象。

（12）参考坐标系：用来指定变换操作（如移动、旋转、缩放等所指定的坐标系统）。

（13）使用轴点中心：使用轴点中心有三种样式，分别是"使用轴点中心""使用选择中心""使用变换坐标"。

（14）选择并操纵：使用该工具可以在视图中通过拖曳"操纵器"来编辑修改器、控制器和某些对象的参数。该工具不能独立使用，需要与其他选择工具配合使用。

（15）键盘快捷键覆盖切换：未激活该工具时，只识别用户界面快捷键；激活该工具后，可同时识别用户界面快捷键和功能区快捷键。

（16）捕捉：主要用于捕捉对象，快捷键为 S，包括"2D 捕捉"工具、"2.5D 捕捉"工具和"3D 捕捉"工具，如图 1-19 所示。在"捕捉"工具按钮上单击鼠标右键，会弹出"栅格和捕捉设置"对话框，在该对话框中可以设置捕捉类型和捕捉的相关选项，如图 1-20 和图 1-21 所示。

项目 1　初识 3ds Max　007

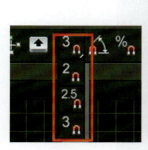
图 1-19

图 1-20

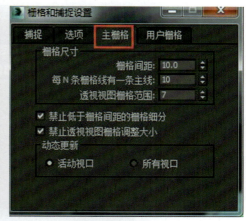
图 1-21

（17）角度捕捉切换：用来指定捕捉的角度，快捷键为 A。激活该工具后，设置角度将影响旋转操作，默认状态下以 5 度为增量进行旋转操作。

（18）百分比捕捉：使用该工具可以将对象缩放捕捉自定的百分比，默认状态下每次捕捉的百分比为 10%。

（19）微调器捕捉切换：使用该工具可以设置微调器单次单击的增加值或减少值。

（20）编辑命名选择器：使用该工具可以单个或多个对象创建选择集。

（21）创建选择集：如果选择了对象，在"创建选择集"文本框中输入名称，即可创建一个新的选择集；如果已经创建了选择集，在列表中可以选择创建的集。

（22）镜像：使用该工具可以围绕一个轴心镜像出另外一个或多个副本对象。

（23）对齐：使用该工具可以根据对象的分类进行各种形式的对齐。

（24）层管理器：使用该工具可以创建和删除层，也可以查看和编辑场景中所有的层以及与其相关联的对象。

（25）切换功能区：使用该工具可以显示或隐藏功能区。

（26）曲线编辑器：单击该工具按钮，打开"轨迹视图-曲线编辑器"窗口，进行相应的曲线编辑。

（27）图解视图：使用该工具可基于节点的场景图来访问对象的材质、控制器、修改器和不可见场景的关系，同时在"图解视图"窗口中可以查看、创建并编辑对象间的关系，也可以创建层次，指定控制器、材质、修改器和约束关系等。

（28）材质编辑器：主要用来编辑对象的材质，快捷键为 M。其分为"精简材质编辑器"和"Slate 材质编辑器"。

（29）渲染设置：单击该工具按钮，打开"渲染设置"对话框，所有渲染参数设置基本都在该对话框中完成，如图 1-22 所示。

（30）渲染帧窗口：单击该工具按钮，打开"渲染帧窗口"窗口，在该窗口中可以执行选择渲染区域、图像通道和储存渲染图像等任务，如图 1-23 所示。

（31）渲染：单击该工具按钮可以渲染效果图。

图 1-22

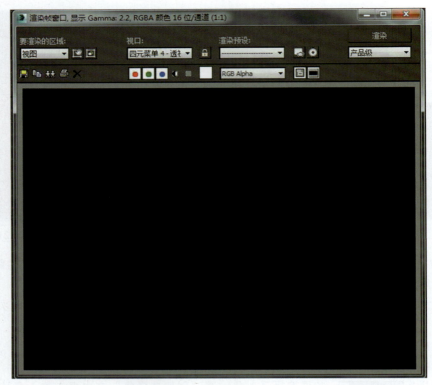

图 1-23

1.2.5 命令面板

在 3ds Max 2014 中，场景对象的操作都可以通过命令面板 完成。命令面板由 6 个子面板组成。默认状态下显示为"创建"面板、"修改"面板、"层次"面板、"运动"面板、"显示"面板和"实用程序"面板。

1. "创建"面板

在"创建"面板中可以创建 7 种类型的对象 ，即"几何体""图形""灯光""摄影机""辅助对象""空间扭曲"和"系统"。

（1）几何体："创建"面板中默认显示"几何体"对象，该对象主要用来创建长方体、球体和圆锥体等基本几何体。单击"标准基本体"下拉三角按钮，在下拉列表中选择相应选项，也可以创建扩展基本体、实体对象等（图 1-24 和图 1-25）。

（2）图形：主要用来创建样条线和 NURBS 曲线，默认显示为"样条线"，如图 1-26 所示。单击"图形"按钮，即可显示相应内容，如图 1-27 所示。

（3）灯光：主要用来创建场景中的灯光，有三种类型，分别是"光度学""标准""VRay"，如图 1-28～图 1-30 所示。

（4）摄影机：主要用来创建场景中的摄影机，如图 1-31 所示。

（5）辅助对象：主要用来创建有助于场景制作的辅助对象。这些对象可以定位、测量，可以设置动画，如图 1-32 所示。

（6）空间扭曲：可以围绕空间中的对象产生各种不同的扭曲效果。

（7）系统：可以将对象、控制器和层次对象组合在一起，提供与某种行为相关联的几何体，并且包含模拟场景中的阳光系统和日光系统。

项目 1　初识 3ds Max　009

　　图 1-24　　　　　　　图 1-25　　　　　　　图 1-26　　　　　　　图 1-27

    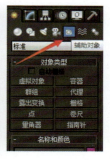

　图 1-28　　　　　图 1-29　　　　　图 1-30　　　　　图 1-31　　　　图 1-32

2. "修改"面板

"修改"面板主要用来调整场景对象的参数，同样可以使用该面板中的修改器来调整对象的几何形体。默认状态下的"修改"面板如图 1-33 所示。要对绘制的对象进行编辑，可单击"修改器列表"下拉按钮，在下拉列表中选择相应的选项，如图 1-34 所示。

3. "层次"面板

"层次"面板可以访问、调整对象间的层次链接信息。通过将一个对象和另一个对象链接，可以创建两个对象之间的父子关系，如图 1-35 所示。

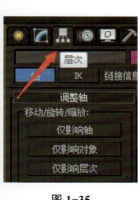

图 1-35

4. "运动"面板

"运动"面板中的工具与参数主要用来调整选定对象的运动属性，如图 1-36 所示。

　　图 1-33　　　　　　　　　　图 1-34　　　　　　　　　图 1-36

5. "显示"面板

"显示"面板中的参数主要用来控制场景中对象显示的方式,如图1-37所示。

6. "实用程序"面板

通过"实用程序"面板可以访问各种工具程序,包括用于管理和调研的卷展栏,如图1-38所示。

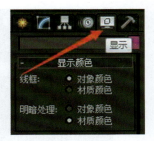

图 1-37

1.2.6 状态栏

状态栏位于时间尺下方,提供了选定对象的类型、变换值和栅格数目等信息,还可以基于当前光标位置和当前活动程序提供动态反馈信息。

图 1-38

PROJECT TWO

项目 2　几何体建模

项目导学

3ds Max 的建模方法丰富多样，几何体建模是学习 3ds Max 的第一项内容，也是学习 3ds Max 的基础。许多复杂的模型都是由简单的几何形体组合而成的。几何体共包括 14 种类型，分别为标准基本体、扩展基本体、复合对象、粒子系统、面片栅格、门、实体对象、NURBS 曲面、窗、AEC 扩展等。通过本项目的学习，可以了解并掌握常用几何体的创建和编辑方法。

学习要点

（1）创建标准基本体；
（2）创建扩展基本体；
（3）创建复合对象；
（4）快速创建其他常用基本模型。

2.1　创建标准基本体

标准基本体是 3ds Max 自带的一些基本模型，也是最常用的基本模型。标准基本体包括长方体、圆锥体、球体、几何球体、圆柱体、管状体、圆环、四棱锥、茶壶和平面。

单击"创建"→"几何体"按钮，选择"标准基本体"选项，然后选择相应的单体模型，在视图中单击鼠标并拖曳，可以创建相应的几何体模型。"标准基本体"创建面板如图 2-1 所示。

图 2-1

例如，单击"创建"→"几何体"按钮，选择"标准基本体"，然后单击"长方体"按钮，可以在视图中创建一个长方体，如图2-2所示。

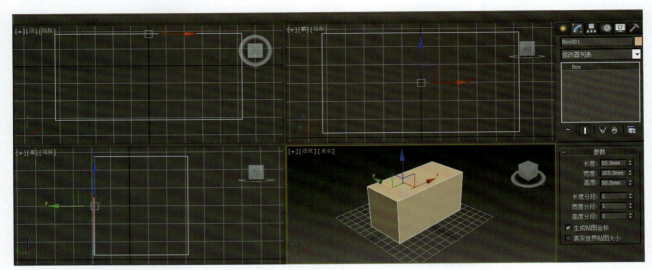

图 2-2

案例实战

用长方体制作艺术书架

作品完成效果（图2-3）：

图 2-3

用长方体制作艺术书架

制作思路：

（1）使用"长方体"工具创建书架外轮廓及基础隔板模型。

（2）使用"移动""捕捉"工具调整模型间的位置，进行组合。

（3）使用"旋转"工具制作不规则隔板模型。

制作步骤：

> 制作书架外轮廓及基础隔板模型

（1）启动3ds Max 2014中文版，执行"自定义"→"单位设置"命令，将单位设置为毫米，具体设置如图2-4和图2-5所示。

项目 2　几何体建模　013

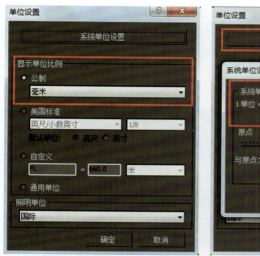
图 2-4

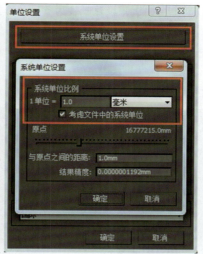
图 2-5

技巧提示：在制作模型时，一定要进行单位设置，尤其是室内模型，通常以毫米为基本单位，每次作图前都要确保设置好单位再开始建模。

（2）在前视图中创建一个长方体作为左侧面板，设置长度为1 800mm，宽度为50mm，高度为500mm，如图2-6所示。

（3）在前视图中沿着 x 轴方向，按 Shift 键复制右侧面板，效果如图2-7所示。

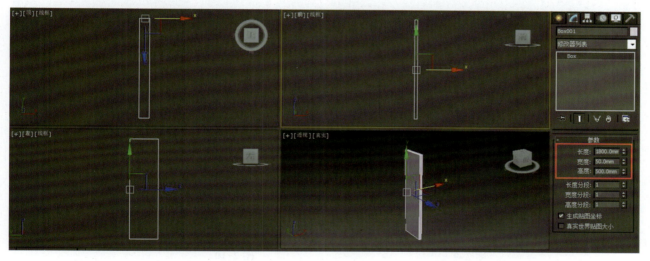
图 2-6

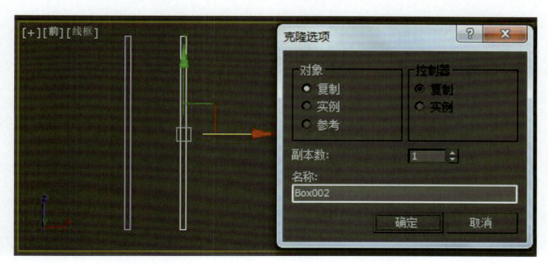
图 2-7

（4）使用同样的方法，在前视图中创建上层面板，设置长度为50mm，宽度为1 500mm，高度为500mm，并复制下层面板，如图2-8所示。

（5）在工具栏中选择"捕捉"工具单击鼠标右键，打开"栅格和捕捉设置"对话框，勾选"端点"及"顶点"复选框，如图2-9所示。

（6）在透视图中捕捉后，效果如图2-10和图2-11所示。

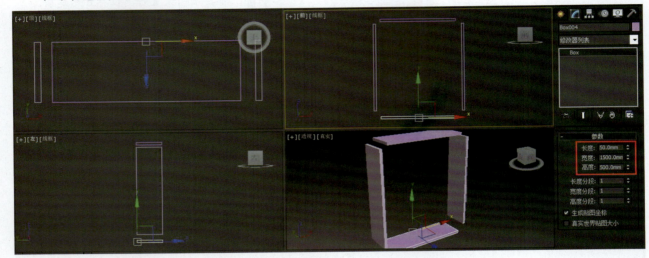

图 2-8

图 2-9

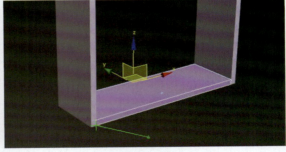

图 2-10

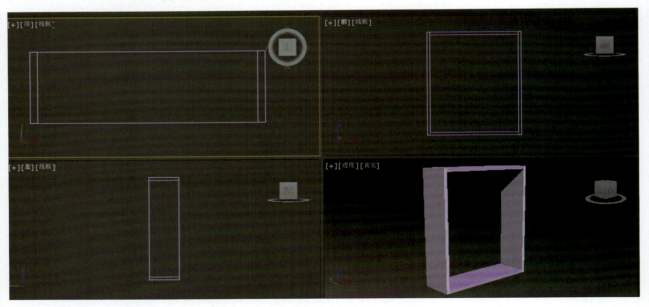

图 2-11

（7）关闭捕捉功能，在前视图中沿着 y 轴方向向下复制 3 条横向面板，如图 2-12 所示。

（8）在前视图中制作竖向面板，参数为"长度"330mm、"宽度"30mm、"高度"500mm，如图 2-13 所示。

（9）复制多条竖板，分布在书架的不同层，效果如图 2-14 所示。

▶ 制作书架不规则隔板

（1）在前视图中制作竖向面板，参数为"长度"730mm、"宽度"30mm、"高度"500mm，并在前视图中沿外圈进行旋转，如图 2-15 和图 2-16 所示。

（2）选择"镜像"工具，沿着 y 轴复制一条斜板，如图 2-17 所示。

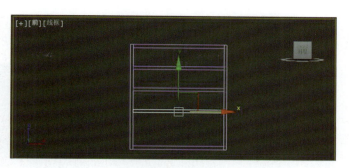

图 2-12

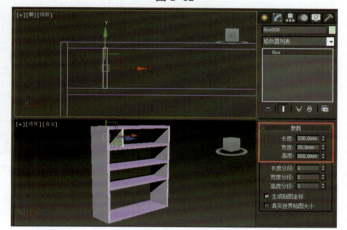

图 2-13

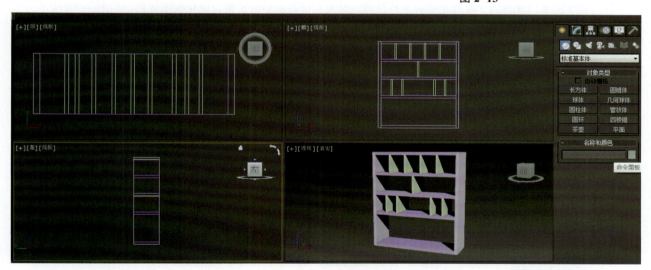

图 2-14

图 2-15

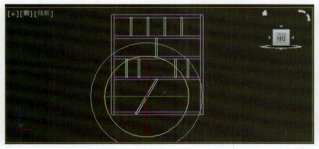

图 2-16

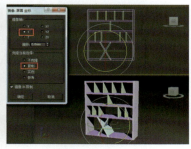

图 2-17

（3）继续使用"长方体"工具建模，制作横板及背板，设置背板长度为1800mm，宽度为1600mm，高度为50mm，横板尺寸根据实际情况设置，最终效果如图2-18所示。

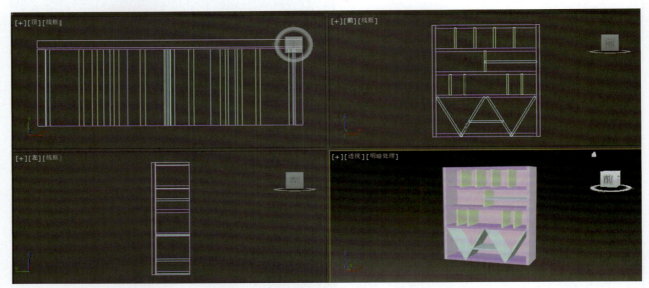

图 2-18

（4）保存文件，快速渲染，最终模型效果如图2-3所示。

难度进阶：

在后期学完本门课程后，可对此书架进行材质、灯光及摄影机参数设置，优化模型效果，如图2-19所示。

图 2-19

项目 2　几何体建模　017

> 拓展练习

用圆柱体制作个性茶几

作品完成效果（图 2-20）：

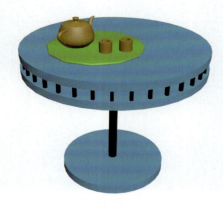

图 2-20

制作思路：

（1）使用"圆柱体"工具创建茶几桌面、支撑柱及底座模型。
（2）使用"移动""对齐"工具调整模型间位置，进行组合。
（3）使用"调整轴""角度捕捉""旋转"工具制作不规则隔板模型。

制作步骤：

➢ **制作茶几桌面、支撑柱及底座模型**

（1）在顶视图中创建一个圆柱体，作为茶几的桌面模型，设置半径为 500mm，高度为 40mm，边数为 35，如图 2-21 和图 2-22 所示。

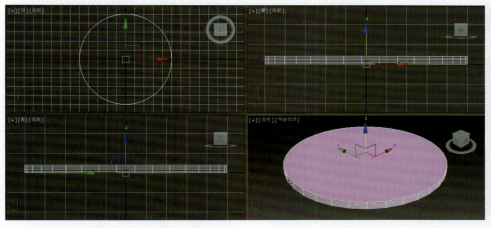

图 2-21

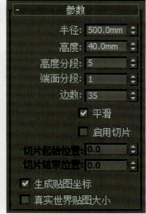

图 2-22

（2）按 Shift 键拖动鼠标向下复制一个圆柱体，如图 2-23 所示。
（3）在顶视图中制作茶几支撑柱，参数为"半径"25mm、"高度"750mm、"边数"35，如图 2-24 所示。
（4）在顶视图中制作茶几底座，参数为"半径"300mm、"高度"50mm、"边数"35，如图 2-25 所示。
（5）单击"对齐"工具按钮，选择所有圆柱体（快捷键"Ctrl+A"）进行对齐，如图 2-26 所示。

018 · 3ds Max 基础与实例教程

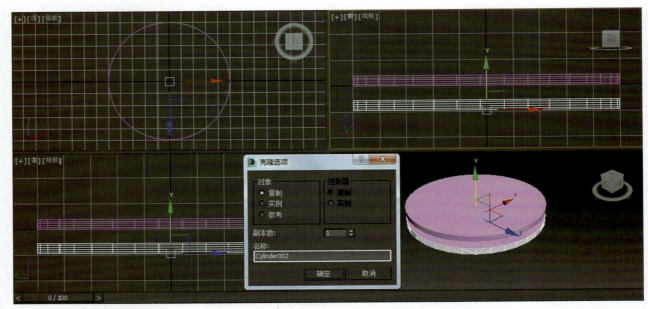

图 2-23

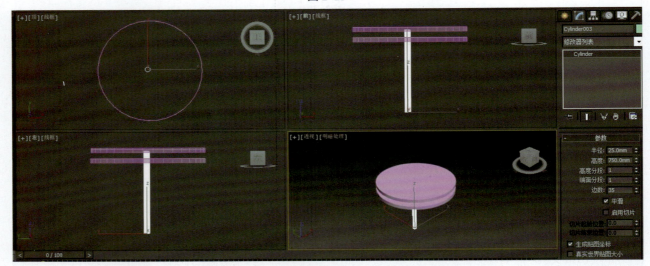

图 2-24

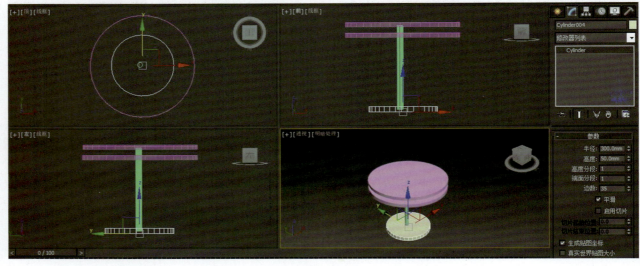

图 2-25

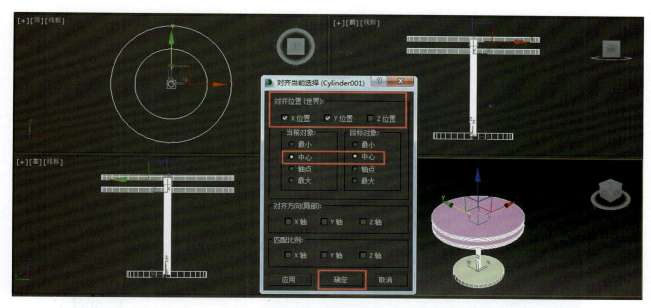

图 2-26

➤ 制作茶几装饰部分模型

（1）在前视图中绘制一个长方体装饰条，参数为"长度"100mm、"宽度"15mm、"高度"15mm，放在图 2-27 所示的位置。

（2）单击"层次"按钮，打开"层次"面板，对"轴"进行设置，如图 2-28 和图 2-29 所示。

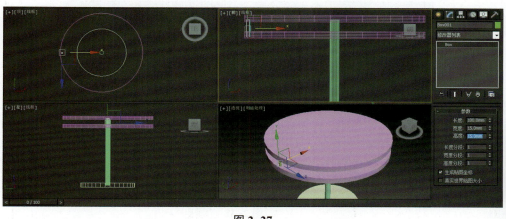

图 2-27

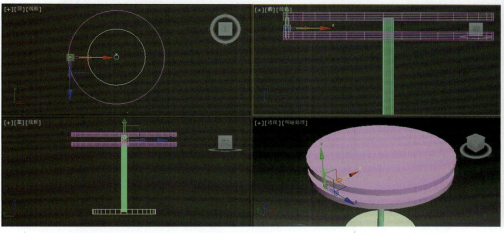

图 2-28　　　　　　　　　　　　　　　　　　　　　　　　图 2-29

(3)用鼠标右键单击"对齐"工具按钮,打开"对齐当前选择"对话框,将"轴"对齐到桌面的中心位置,如图 2-30 所示。

(4)返回"创建"面板,设置角度捕捉参数为 10 度,沿着轴心旋转并复制 35 个装饰条,如图 2-31 和图 2-32 所示。

(5)对模型进行调整,然后保存,如图 2-33 所示。

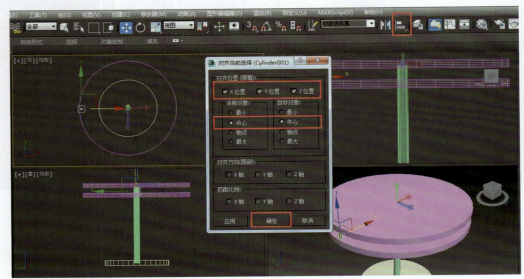

图 2-30

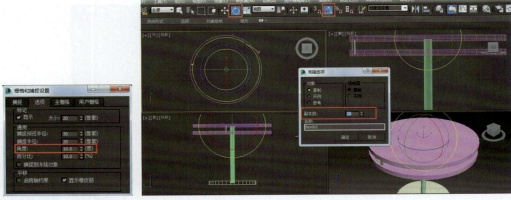

图 2-31　　　　　　　　　　　　　图 2-32

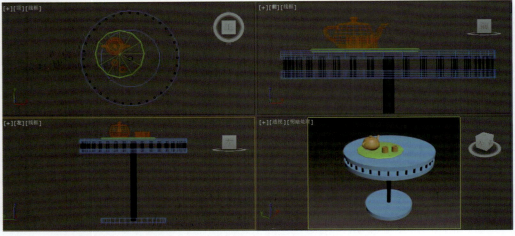

图 2-33

（6）可为茶壶添加一些装饰，快速渲染，出图，如图 2-20 所示。

难度进阶：

在后期学完本门课程后，可对此模型进行材质、灯光及摄影机参数设置，优化模型效果，如图 2-34 所示。

图 2-34

2.2 创建扩展基本体

扩展基本体是 3ds Max 复杂基本体的集合。扩展基本体包括 13 种对象类型，分别是异面体、环形结、切角长方体、切角圆柱体、油罐、胶囊、纺锤、L-Ext、球棱柱、C-Ext、环形波、软管、棱柱。

单击"创建"→"几何体"按钮，选择"扩展基本体"选项，然后选择相应的单体模型，在视图中单击鼠标并拖曳，可以创建相应的几何体模型。"扩展基本体"创建面板如图 2-35 所示。

例如，单击"创建"→"几何体"按钮，选择"扩展基本体"选项，然后单击"异面体"按钮，可以在视图中创建一个异面体，如图 2-36 所示。

图 2-35

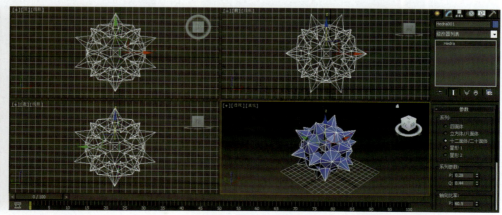

图 2-36

案例实战

用切角长方体制作单人沙发

作品完成效果（图 2-37）：

用切角长方体制作单人沙发

图 2-37

制作思路：

（1）使用"切角长方体"工具创建沙发模型。
（2）使用"FFD 修改器"制作沙发两侧的不规则扶手。
（3）使用"移动""镜像"工具调整模型间的位置，进行组合。

制作步骤：

➤ 制作单人沙发

（1）在顶视图中绘制一个切角长方体作为沙发底座，参数为"长度"750mm、"宽度"750mm、"高度"190mm、"圆角分段"6，如图 2-38 所示。

（2）在顶视图中绘制一个切角长方体作为沙发扶手，参数为"长度"750mm、"宽度"190mm、"高度"450mm、"圆角"20mm、"高度分段"4、"圆角分段"6，如图 2-39 所示。

（3）添加"FFD 3×3×3"修改器，修改沙发扶手造型，如图 2-40 所示。在修改器"控制点"层级下，在前视图中调整控制点，如图 2-41 所示。

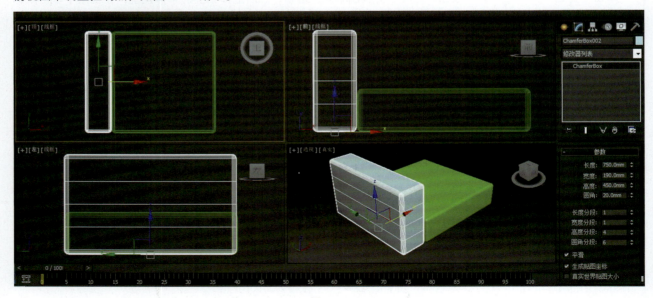

图 2-38

项目2 几何体建模 023

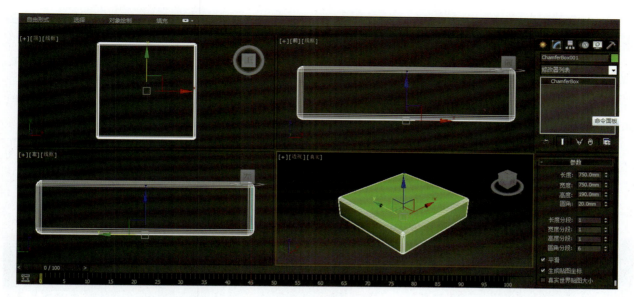

图 2-39

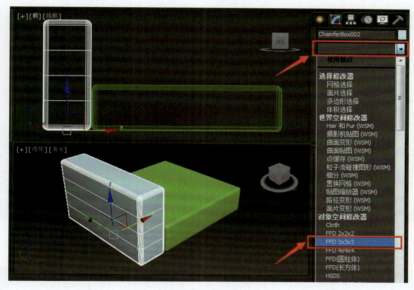

图 2-40

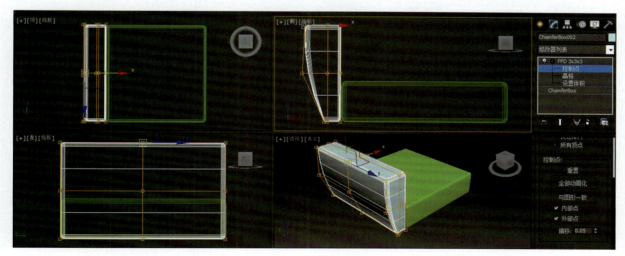

图 2-41

（4）在前视图中使用"镜像"工具，沿着 x 轴偏移 950mm，通过镜像复制制作另一个沙发扶手，并移动到指定位置，如图 2-42 所示。

（5）在顶视图中制作沙发靠背，参数为"长度"150mm、"宽度"900mm、"高度"750mm、"圆角"20mm、"圆角分段"5，如图 2-43 所示。

（6）添加"FFD 3×3×3"修改器，修改沙发靠背造型。在修改器"控制点"层级下，在前视图中调整控制点，如图 2-44 所示。

（7）在顶视图中绘制一个切角长方体作为沙发坐垫，参数为"长度"750mm、"宽度"750mm、"高度"80mm、"圆角"20mm、"圆角分段"6，如图 2-45 所示。

（8）制作 4 个切角圆柱体作为沙发腿，对模型进行调整，然后保存，如图 2-46 所示。

（9）快速渲染，出图，如图 2-37 所示。

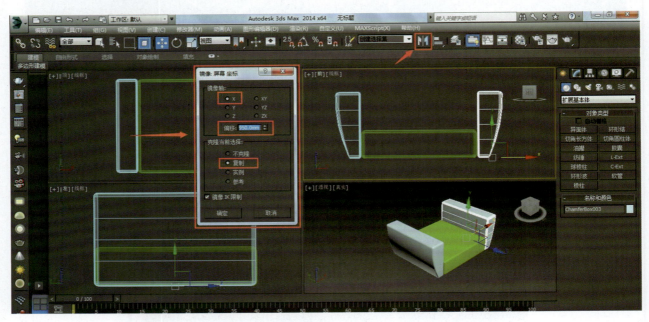

图 2-42

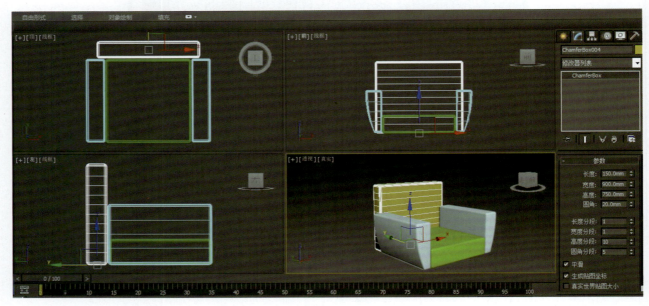

图 2-43

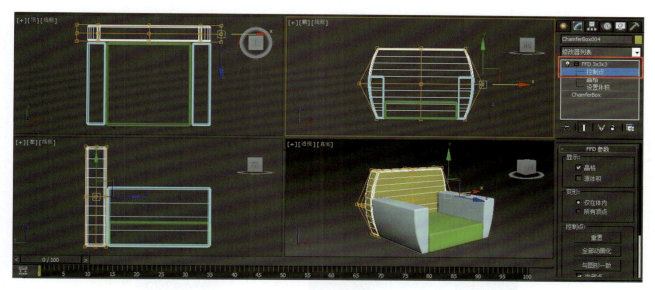

图 2-44

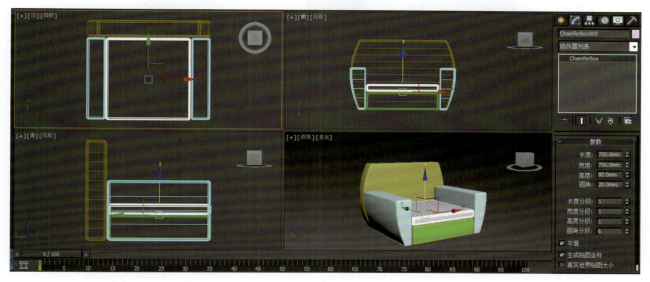

图 2-45

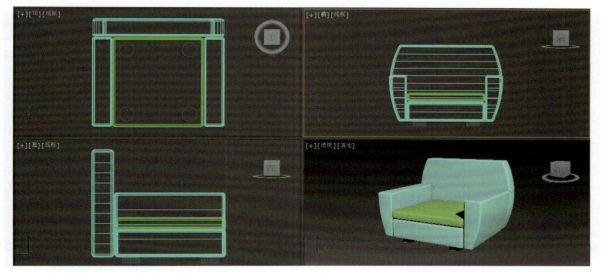

图 2-46

难度进阶：

在后期学完本门课程后，可对此沙发模型进行材质、灯光及摄影机参数设置，优化模型效果，如图 2-47 所示。

图 2-47

案例实战

用异面体制作艺术台灯

作品完成效果（图 2-48）：

图 2-48

用异面体制作艺术台灯

制作思路：

（1）使用"异面体"工具创建灯体模型。
（2）使用"切角圆柱体"制作灯体支架。
（3）使用"移动""旋转""角度捕捉"等工具调整模型间的位置，进行组合。

制作步骤：

➤ 制作灯体模型

在顶视图中绘制一个异面体作为艺术台灯灯体，进入"修改"面板调整参数，设置异面体系列为"星形 1"，系列参数 P 值为 0.11，Q 值为 0，如图 2-49 所示。

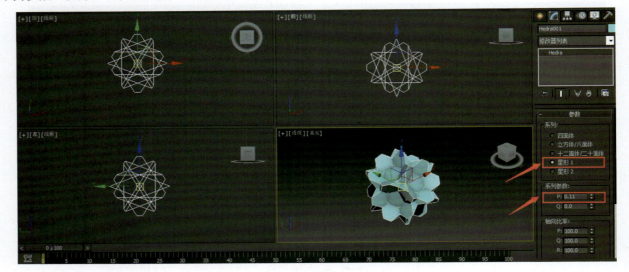

图 2-49

➤ 制作灯体支架

（1）在顶视图中制作切角圆柱体作为台灯灯体支架，进入"修改"面板修改切角圆柱体参数，并移动到指定位置，如图 2-50 所示。

（2）在前视图中旋转支架，并沿 x 轴方向向左移动，如图 2-51 所示。

（3）选择"角度捕捉"工具，设置角度为 120 度，单击"确定"按钮，如图 2-52 所示。

（4）选择支架，进入"层次"面板，利用"捕捉"工具，将轴心确定为灯座的中心，如图 2-53 所示。

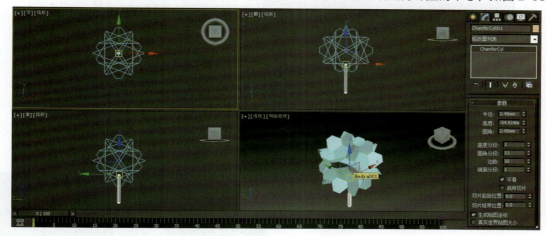

图 2-50

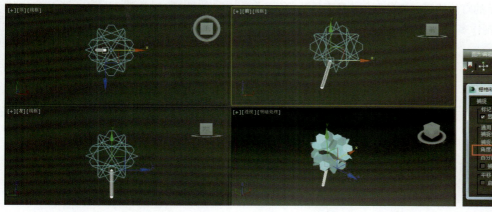

图 2-51

图 2-52

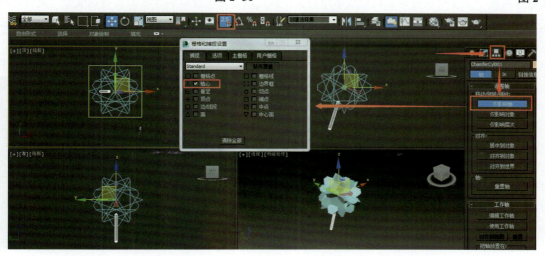

图 2-53

(5)在顶视图中单击"旋转"按钮,按 Shift 键旋转复制 2 个支架,效果如图 2-54 所示。
(6)渲染,出图,如图 2-48 所示。

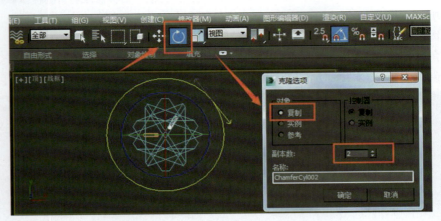

图 2-54

难度进阶:

除了案例中所展示的灯体模型,还能利用"异面体""环形结""纺锤"等工具制作多种款式的台灯,如图 2-55 所示。

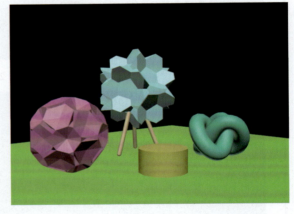

图 2-55

2.3 创建复合对象

复合对象通常将两个或多个现有对象组合成单个对象,并可以非常快速地制作出很多特殊模型。复合对象包含 12 种类型,分别是变形、散布、一致、连接、水滴网格、图形合并、布尔、地形、放样、网格化、ProBoolean 和 ProCutter。

单击"创建"→"几何体"按钮,选择"复合对象"选项,然后单击相应的复合对象按钮,可以创建相应的复合对象。"复合对象"创建面板如图 2-56 所示。

例如,单击"创建"→"几何体"按钮,选择"复合对象"选项,然后单击"布尔"按钮,可以创建图 2-57 所示的模型。

图 2-56   图 2-57

案例实战

用超级布尔运算制作中式茶桌

作品完成效果（图 2-58）：

图 2-58

用超级布尔运算制作中式茶桌

制作思路：

（1）使用"布尔"工具创建茶几台面、支架模型。
（2）使用"组"命令对复杂物体成组。
（3）使用"移动""复制""捕捉"等工具调整模型间的位置，进行组合。

操作步骤：

（1）在顶视图中绘制一个长方体作为茶几台面，参数为"长度"600mm、"宽度"1200mm、"高度"50mm，如图 2-59 所示。

（2）在顶视图中茶几台面的右侧绘制一个长方体，参数为"长度"480mm、"宽度"480mm、"高度"30mm，如图 2-60 所示。

（3）选取大块茶几面板，在"创建"面板中选择"复合对象"选项，单击"布尔"按钮，在"拾取布尔"卷展栏中单击"拾取操作对象 B"按钮，勾选"复制"单选按钮，选择右侧小块长方体，如图 2-61 所示。

（4）在顶视图中绘制一个长方体作为移动面板，参数为"长度"666mm、"宽度"435mm、"高度"-36mm，如图 2-62 所示。

（5）在顶视图中绘制图 2-63 所示长方体，参数为"长度"35mm、"宽度"435mm、"高度"-270mm，捕捉到上一步画的红色移动面板上，对齐。

（6）在顶视图中绘制圆柱体作装饰条，并复制数条，如图 2-64 所示。

（7）复制图 2-65 所示面板，沿轴向向下移动到合适位置。

（8）复制右侧组件到面板另一端，并将红色移动面板以及装饰条成组，如图 2-66 所示。

（9）在左视图中绘制一个圆柱体，参数为"半径"220mm、"高度"25mm、"高度分段"5、"边数"39、"切片起始位置"240、"切片结束位置"-60，如图 2-67 所示。

（10）在顶视图中绘制一个长方体，用于布尔运算，选择圆柱体，单击"布尔"→"拾取操作对象 B"按钮，选择长方体，设置拾取方式为"移动"，如图 2-68 所示，完成后效果如图 2-69 所示。

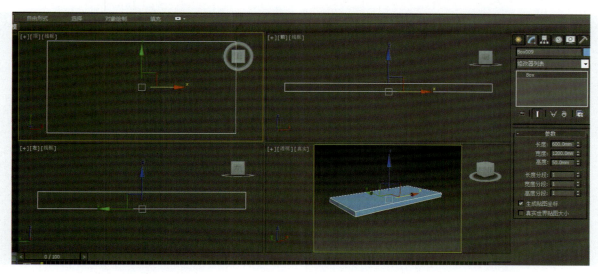

图 2-59

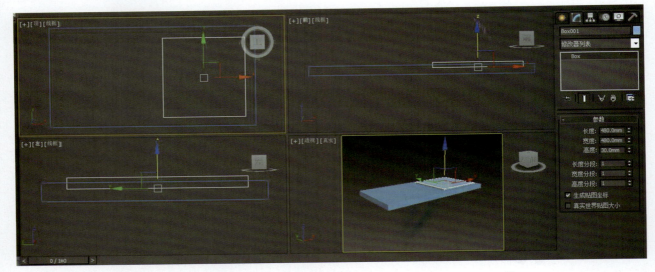

图 2-60

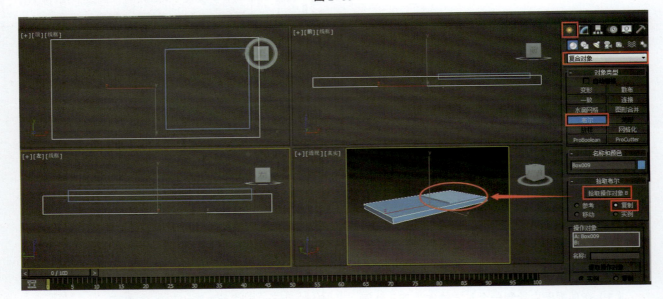

图 2-61

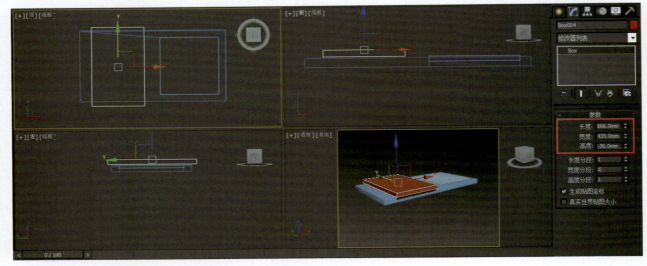

图 2-62

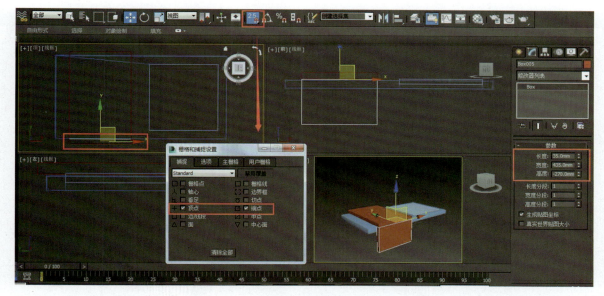

图 2-63

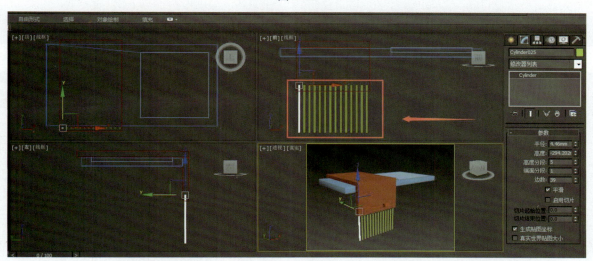

图 2-64

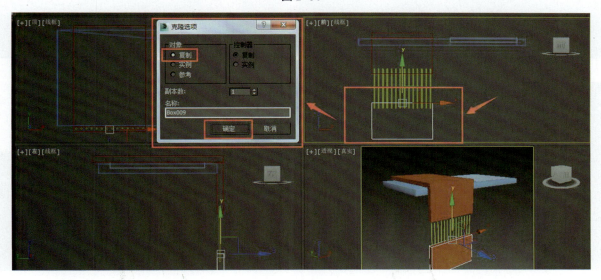

图 2-65

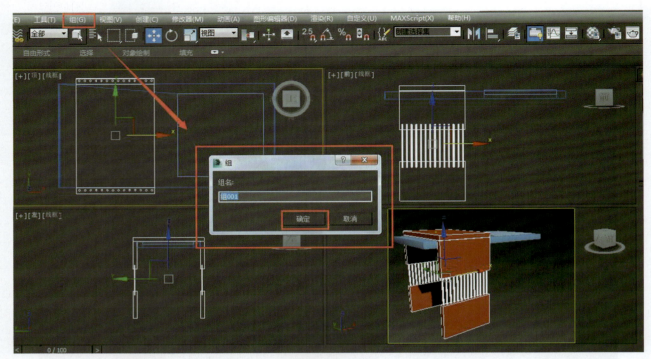

图 2-66

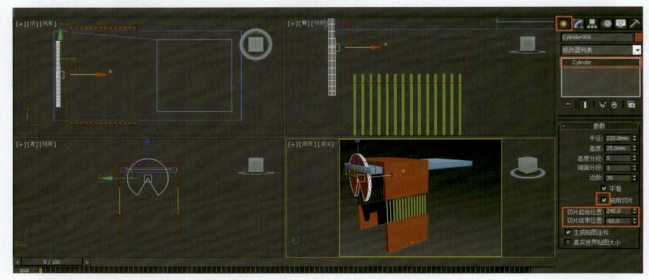

图 2-67

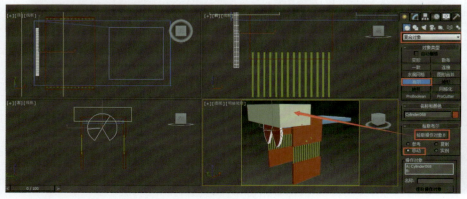

图 2-68

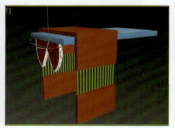

图 2-69

（11）按照制作装饰条的方法，完善茶几左侧支撑，并复制到茶几右侧，最终效果如图 2-70 所示。

（12）布置茶品，渲染，出图（快捷键 F8），将背景调为白色，如图 2-71 所示。

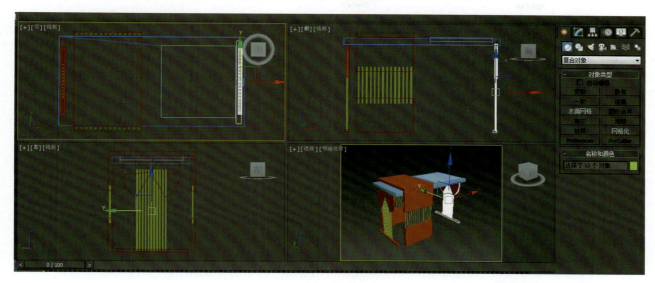

图 2-70

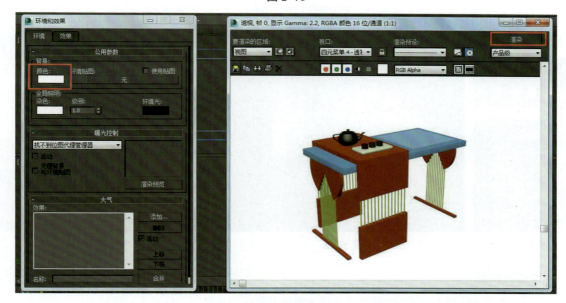

图 2-71

难度进阶：

除了本案例所展示的模型，还可以制作其他模型，如图 2-72 所示。

图 2-72

2.4 快速创建其他常用基本模型

除了以上几何体建模方式，还有其他几种常用的基本模型创建方式，如 AEC 扩展、楼梯、门、窗等，单击"创建"→"几何体"按钮，选择相应的选项，可创建相应的基本模型。创建面板如图 2-73 所示。

图 2-73

➤ 制作 AEC 扩展模型

AEC 扩展对象专门用在建筑、工程和构造等领域，使用 AEC 扩展对象可以提高创建场景的效率。AEC 扩展对象包括植物、栏杆和墙 3 种类型，如图 2-74 所示。通过"AEC 扩展"工具可以制作图 2-75 和图 2-76 所示模型。

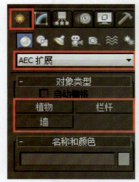 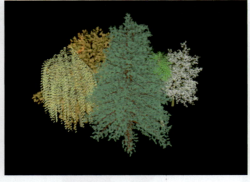 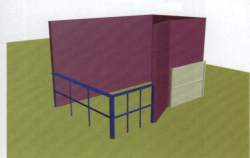

图 2-74　　　　　　　　　　　图 2-75　　　　　　　　　　　图 2-76

➤ 制作楼梯模型

"楼梯"工具在 3ds Max 2014 中提供了 4 种内置的参数化楼梯模型，分别是 L 型楼梯、U 型楼梯、直线楼梯和旋转楼梯，利用"楼梯"工具，可以制作出图 2-77 所示模型。

图 2-77

▶ 制作门模型

3ds Max 2014 中提供了 3 种内置的门模型，分别是枢轴门、推拉门和折叠门，如图 2-78 所示。枢轴门是一侧装有铰链的门；推拉门有一半是固定的，另一半可以推拉；折叠门的铰链装在中间以及侧端，就像壁橱门一样。利用"门"工具，可以制作出图 2-79 所示模型。

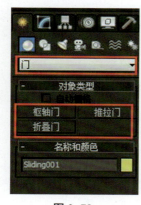
图 2-78

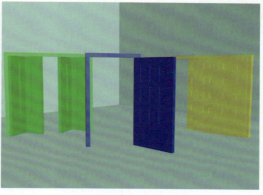
图 2-79

▶ 制作窗模型

3ds Max 2014 中提供了 6 种内置的窗模型，分别为遮篷式窗、平开窗、固定窗、旋开窗、伸出式窗和推拉窗，这些都是可以快速创建的窗户类型，如图 2-80 所示。利用"窗"工具，可以制作出图 2-81 所示模型。

图 2-80

图 2-81

项目 3　二维图形建模

项目导学

样条线是图形的一种，可以通过绘制样条线，并进行修改、添加修改器、放样等多种方法制作三维模型，其是一种较为独特、便捷的建模方法。在通常情况下，使用 3ds Max 制作的是三维图形，而不是二维图形，因此样条线被很多人忽略，但是使用样条线并借助相应的方法，可以快速制作或转化出三维模型，制作效率高且可以返回到之前的样条线级别，通过调节顶点、线段来方便地调整三维模型的最终效果。

学习要点

（1）创建样条线；
（2）编辑样条线。

3.1　创建样条线

样条线的应用非常广泛，其使用方法非常灵活，形状也不受约束，可以封闭也可以不封闭。样条线包括线、矩形、圆、椭圆、弧、圆环、多边形、星形、文本、螺旋线、卵形、截面。

单击"创建"→"图形"按钮，选择"样条线"选项，然后单击相应的样条线按钮，在视图中单击鼠标并拖曳，可以创建相应的样条线模型，创建面板如图 3-1 所示。

例如，单击"创建"→"图形"按钮，选择"样条线"选项，然后单击"线"按钮，可以在视图中创建一条线。单击"修改"按钮可更改其参数，修改其顶点、线段、样条线，其中顶点的类型分为 4 种，可以通过单击鼠标右键进行选择，分别是 Bezier 角点、Bezier、角点和平滑，如图 3-2 所示。

项目 3　二维图形建模　037

图 3-1

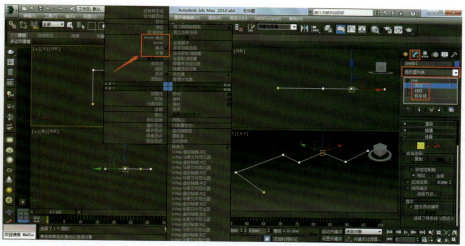

图 3-2

在创建线时，单击鼠标即可创建直线；按住 Shift 键单击，即可创建 90°直线；单击鼠标并进行拖动，即可创建曲线，如图 3-3 所示。在创建样条线时一般会用到"渲染"卷展栏中的相应参数，如图 3-4 所示。

（1）"在渲染中启用"复选框：勾选该复选框后才能渲染出样条线；若取消勾选该复选框，将不能渲染出样条线。

（2）"在视口中启用"复选框：勾选该复选框后，样条线会以网络的形式显示在视图中。

（3）"径向"单选按钮：将 3D 网格显示为圆柱形对象，其参数包括"厚度""边"和"角度"。"厚度"用于指定视图或渲染样条线网格的直径；"边"用于在视图或渲染器中为样条线网格设置边数或面数；"角度"用于调整视图或渲染器中横截面的旋转位置。

（4）"矩形"单选按钮：将 3D 网格显示为矩形对象，其参数包括"长度""宽度""角度"和"纵横比"。

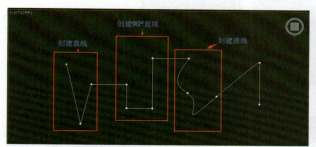

图 3-3

图 3-4

案例实战

用样条线制作简约晾衣架

作品完成效果（图 3-5）：

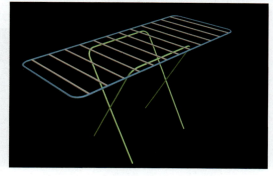

用样条线制作简约晾衣架

图 3-5

3ds Max 基础与实例教程

制作思路：

（1）使用"样条线"工具创建晾衣架面板模型。
（2）使用"编辑样条线"修改器编辑顶点、进行倒角，并调整"渲染"卷展栏参数。
（3）使用"移动""捕捉""镜像"工具调整模型间的位置，进行组合。

制作步骤：

➤ 制作晾衣架底座

（1）在前视图中创建矩形，参数为"长度"1 200mm、"宽度"800mm，作为底座支架，如图3-6所示。
（2）添加"编辑样条线"修改器，进入"分段"层级，删除底边，如图3-7和图3-8所示。
（3）进入"顶点"层级，选择上边两个顶点，进行"圆角"操作，设置圆角为80mm，如图3-9所示。
（4）打开角度捕捉功能，设置角度为30度。在左视图中旋转30度后，复制另一条支架，如图3-10和图3-11所示。

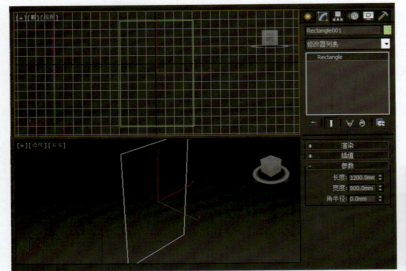

图3-6

图3-7

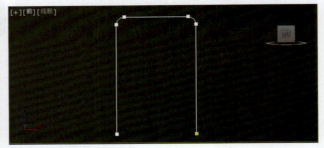

图3-8　　　　　　　　　　　图3-9

图3-10　　　　　　　　　　　图3-11

➤ 制作晾衣架面板

（1）在顶视图中创建矩形，添加"编辑样条线"修改器，导出 80mm 圆角，尺寸如图 3-12、图 3-13 所示。

（2）捕捉中点，在矩形中画一条线段，如图 3-14 所示；在右侧属性面板中，勾选"在渲染中启用""在视口中启用"复选框，设置径向厚度为 15mm，如图 3-15 所示。

（3）按 Shift 键单击鼠标拖动，向左、右各复制若干条线段，如图 3-16 所示。

（4）将各个部分移动到合适位置，经过调整，基本完成晾衣架的制作，如图 3-17 所示。

（5）渲染，出图，如图 3-5 所示。

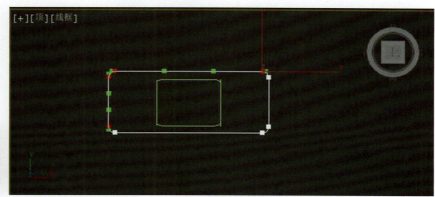

图 3-12　　　　　　　　　　　　　　　图 3-13

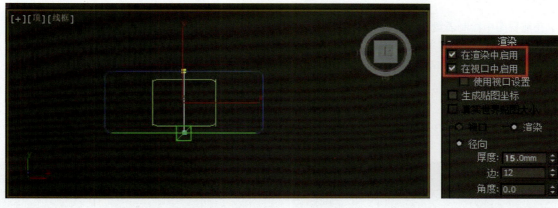

图 3-14　　　　　　　　　　　　　　　图 3-15

 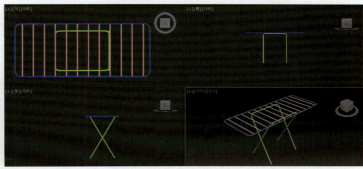

图 3-16　　　　　　　　　　　　　　　图 3-17

拓展练习

用样条线制作时尚挂钟

作品完成效果（图 3-18）：

图 3-18

制作思路：

（1）使用"样条线"工具创建挂钟模型，利用"文本"工具制作指数及装饰牌。

（2）使用"图形合并"命令编辑闹钟挂饰。

（3）使用"移动""捕捉""镜像"工具调整模型间的位置，进行组合。

制作步骤：

（1）在前视图中绘制表盘，创建圆柱体。特别注意，圆柱体边数需要设置多一点，以使表盘更加平滑，如图 3-19 所示。

（2）在顶视图中创建两个指针轴，画两个圆形，利用 2.5D 捕捉，对齐到表盘轴心，如图 3-20 所示。

（3）在顶视图中选择刚制作的轴心圆，添加"挤出"修改器，分别挤出不同高度，设置合适的"数量"值，效果如图 3-21 所示。

（4）在顶视图中绘制图 3-22 所示线条，添加"挤出"修改器，制作长、短两条指针。

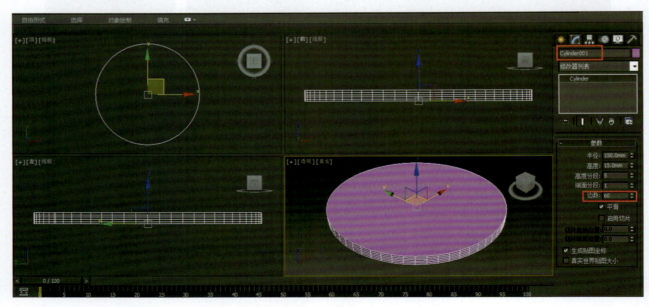

图 3-19

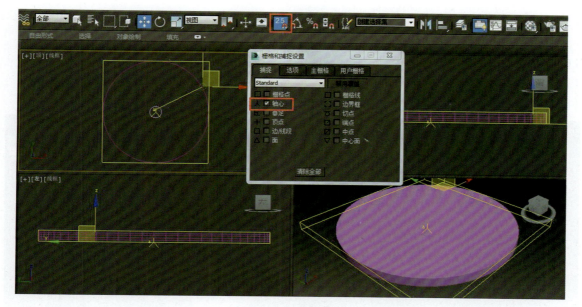

图 3-20

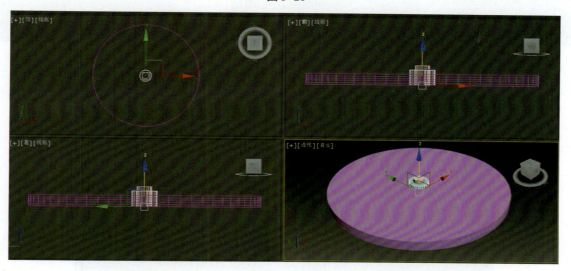

图 3-21

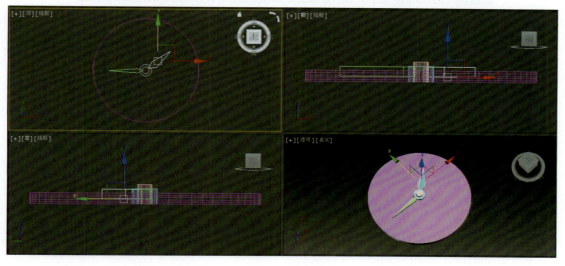

图 3-22

(5)利用"文本"工具创建文本,挤出厚度并调整到合适的位置,制作数字以及表盘上的时间点,如图 3-23 所示。

(6)利用"图形合并"命令和"挤出"修改器,添加一些小挂饰,渲染,出图,如图 3-24 所示。

(7)创建圆柱体完善装饰牌与闹钟间的连接杆,完成闹钟的最后修饰,如图 3-25 所示。

(8)渲染,出图,如图 3-18 所示。

图 3-23

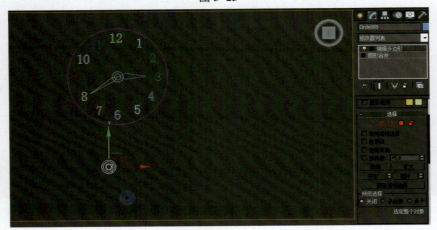

图 3-24

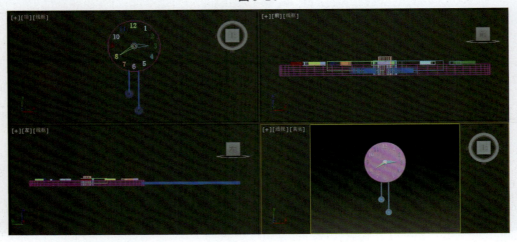

图 3-25

难度进阶：

学完本课程后，通过后期转换，还可以制作出图 3-26 所示效果。

图 3-26

3.2 编辑样条线

虽然 3ds Max 2014 提供了很多种二维图形，但是也不能满足创建复杂模型的需求，因此就需要对样条线的形状进行修改，并且由于绘制出来的样条线都是参数化的物体，只能对参数进行调整，所以就需要将样条线转换为可编辑样条线。

在编辑样条线时，需要单击"修改"按钮，打开修改器列表，选择"编辑样条线"修改器，如图 3-27 所示。添加修改器后，可以通过三个层级修改样条线，如图 3-28 所示。

除此之外，还可以通过添加"挤出""倒角"或者"车削"等修改器将二维模型转换为三维模型。例如，输入文本"美丽心情"后，添加"挤出"修改器，效果如图 3-29 所示。

图 3-27   图 3-28

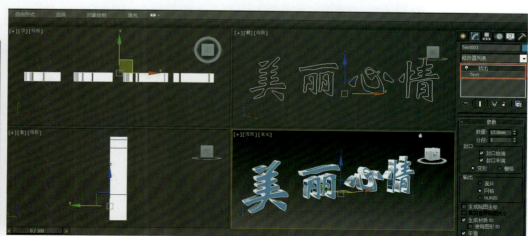

图 3-29

案例实战

用样条线制作窗帘

作品完成效果（图 3-30）：

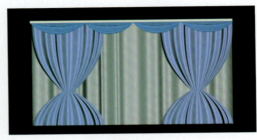

图 3-30

制作思路：

（1）使用"样条线"工具制作窗帘，编辑样条线。
（2）使用"放样"工具制作窗帘特殊模型。
（3）使用"移动""镜像"工具调整模型间的位置，进行组合。

用样条线制作窗帘

制作步骤：

► **制作遮光窗帘**

（1）在顶视图中绘制一条样条线作为遮光窗帘，样条线为折尺形，进入"修改"面板，在"顶点"层级下，选择除了首、尾两点外的其他点，如图 3-31 所示。

（2）单击鼠标右键，将所有的点修改为平滑点，如图 3-32 所示。

（3）在前视图中绘制一条垂直线，作为窗帘的高度。单击"创建"→"图形"按钮，选择"复合对象"选项，然后单击"放样"→"获取图形"按钮，选择"直线放样"选项，如图 3-33 所示。

（4）添加"法线"修改器，进入"Loft"层级，打开"变形"卷展栏，单击"缩放"按钮，对窗帘造型进行修改。如窗帘显示不全，则修改法线方向，确保窗帘在视图中显示完全，如图 3-34 所示。

（5）利用"插入角点"命令增加新的点，调整起始点位置，转换中间的点为平滑的点，如图 3-35 和图 3-36 所示。

（6）在前视图中复制另一半窗帘，如图 3-37 所示。

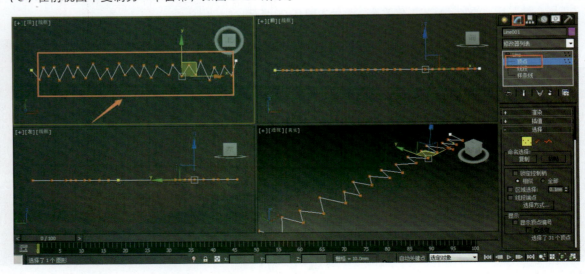

图 3-31

项目 3　二维图形建模　045

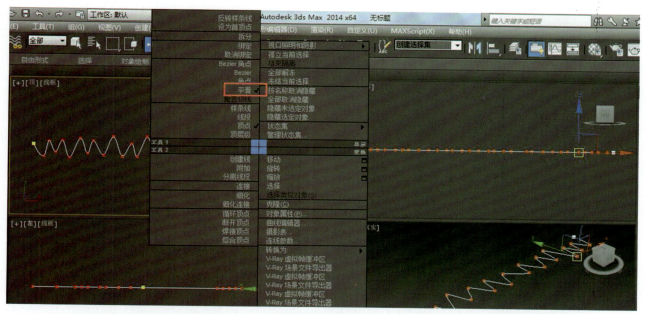

图 3-32

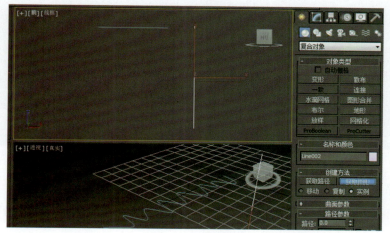

图 3-33

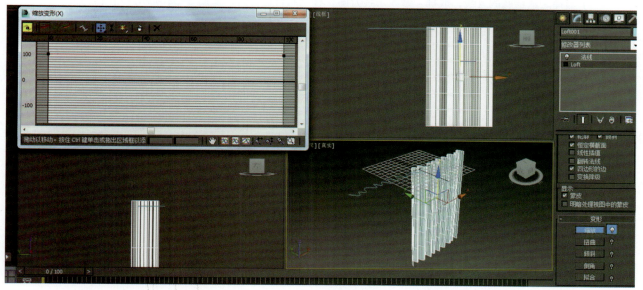

图 3-34

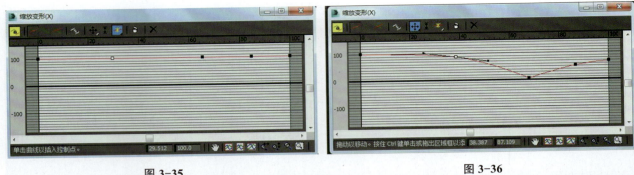

图 3-35　　　　　　　　　　　　　　　图 3-36

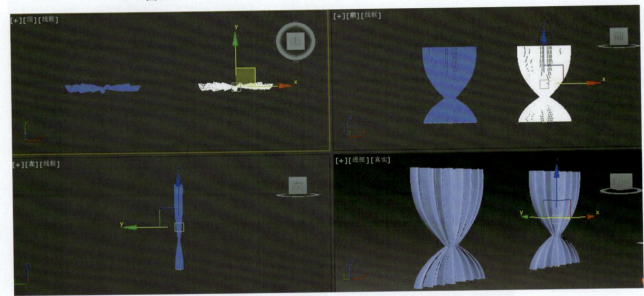

图 3-37

> 制作透光窗帘

（1）同上，在顶视图中制作一条折线，并在"顶点"层级下修改样条线的点为"平滑"，得到图 3-38 所示透光窗帘。

（2）选择之前绘制的直线，放样，修改法线方向，移动到合适位置，如图 3-39 所示。

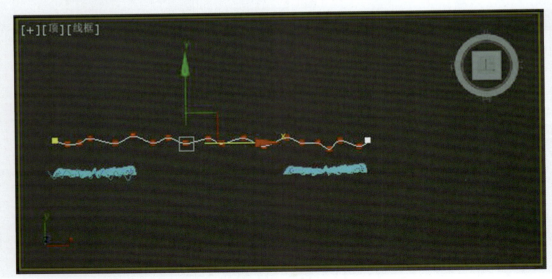

图 3-38

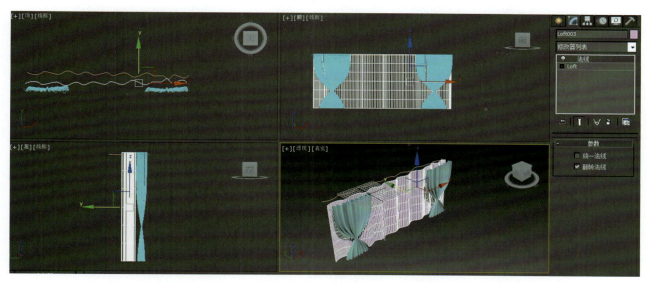

图 3-39

➤ 制作窗幔

（1）在左视图中绘制曲线，在前视图中绘制直线，通过放样以及修改法线方向等操作，得到图 3-40 所示窗幔效果。

（2）调整窗幔造型，增加控制点，并修改平滑点，如图 3-41 所示。

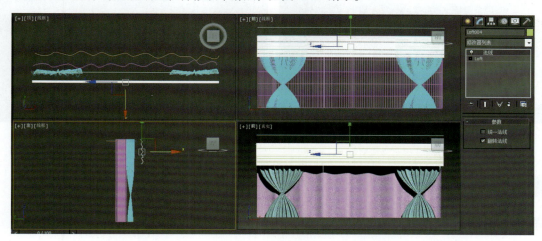

图 3-40

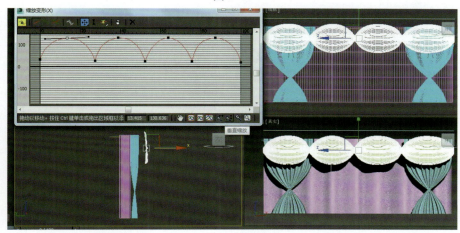

图 3-41

（3）添加"法线"修改器，进入"Loft"层级，选择侧面曲线，进行底对齐，如图 3-42 所示。

（4）调整位置，完善模型，渲染，出图，如图 3-30 所示。

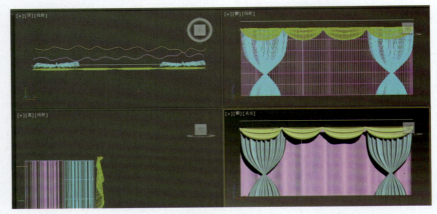

图 3-42

难度进阶：

通过后期调整，赋予窗帘不同材质以及不同造型，可以得到图 3-43 和图 3-44 所示效果。

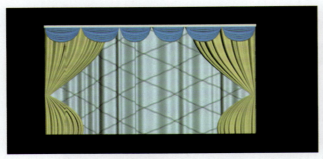 

图 3-43　　　　　　　　　　　　　　　图 3-44

拓展练习

用样条线制作艺术花瓶

作品完成效果（图 3-45）：

图 3-45

项目 3　二维图形建模　049

制作思路：

（1）使用"样条线"工具制作花瓶的不同截面，编辑样条线。
（2）使用"放样"工具使模型立体化。
（3）使用"移动""捕捉"工具调整模型间的位置。

制作步骤：

➤ 制作截面图形

（1）在顶视图中绘制一个矩形、一个圆形和一个星形，利用"捕捉"工具使它们的轴心对齐，如图3-46所示。

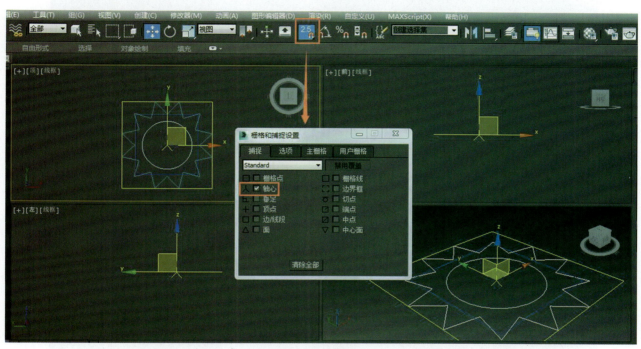

图 3-46

（2）在前视图中绘制的图形旁边，画一条竖直的线作为花瓶的高度，如图3-47所示。

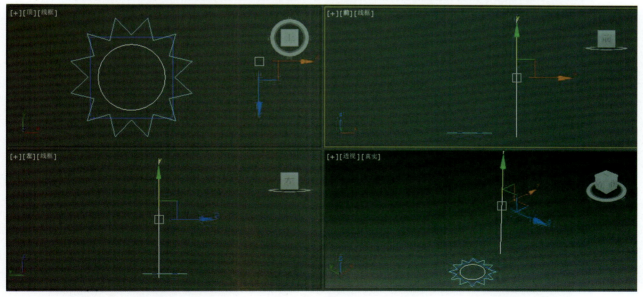

图 3-47

(3)在透视图中选择直线,单击"创建"→"图形"按钮,选择"复合对象"选项,单击"放样"→"获取图形"按钮,选择之前绘制的矩形,设置"路径"参数为0,如图3-48所示。

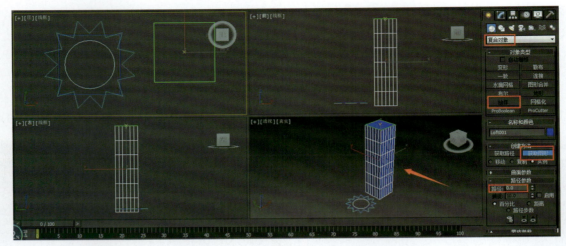

图 3-48

(4)继续放样,获取图形,选择圆形,设置"路径"参数为30,如图3-49所示。

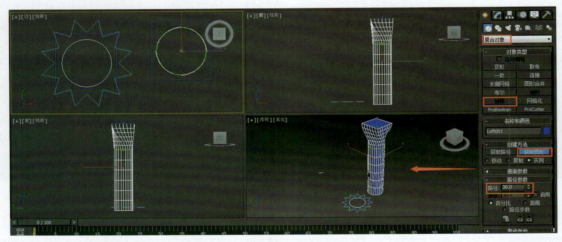

图 3-49

(5)放样,获取图形,选择星形,设置"路径"参数为100,如图3-50所示。

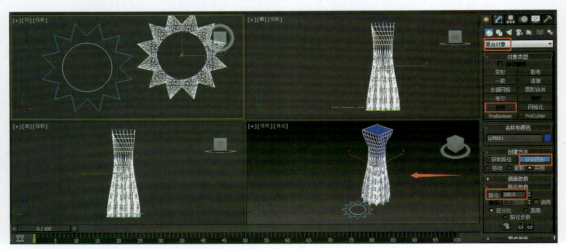

图 3-50

(6)最后创建一个圆柱体,设置半径小于花瓶圆形半径,进行布尔运算,如图 3-51 所示。

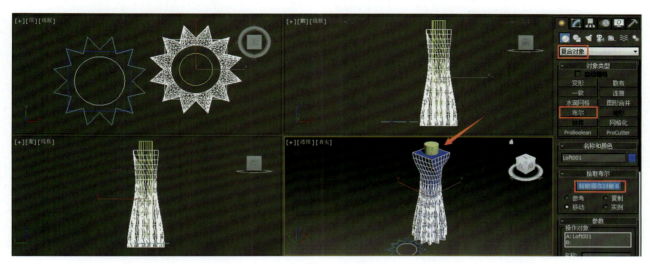

图 3-51

(7)为花瓶做出厚度插入鲜花,完善模型,渲染出图,如图 3-45 所示。

难度进阶:

后期为花瓶做不同的造型还可以得到图 3-52 所示效果。

图 3-52

PROJECT FOUR

项目 4 修改器建模

项目导学

修改器建模是在已有基本模型的基础上，在"修改"面板中添加相应的修改器，对模型进行塑形或编辑。用这种方法可以快速打造特殊的模型效果，如弯曲、晶格等。修改器不仅可以应用到三维模型上，还可以应用到二维模型上，是一种较为特殊的建模方式。

学习要点

修改器建模。

4.1 概 述

修改器的类型很多，有几十种，若安装了部分插件，修改器也会相应增加，这些修改器被放置在不同类型的修改器列表中，分别有选择修改器、世界空间修改器和对象空间修改器三大类，如图 4-1 所示。

图 4-1

4.2 修改器建模

在添加修改器之前,一定要有已经创建好的基础对象,如几何体、图形、多边形模型等,在添加修改器时一定要注意修改器的添加次序,否则会出现不一样的效果。在添加修改器时,需要先进入"修改"面板。常用的修改器有"车削""挤出""倒角""弯曲""晶格""壳""UVW 贴图"等,下面通过一些实例介绍它们的使用方法。

案例实战

用"车削"修改器制作台灯

作品完成效果(图 4-2):

用"车削"修改器制作台灯

图 4-2

制作思路:

(1)使用"样条线"工具制作灯罩,编辑顶点,进行倒角,利用"车削"修改器制作灯罩模型。
(2)使用"样条线"工具创建台灯灯座截面,结合"车削"修改器制作模型。
(3)使用"移动""捕捉"工具调整模型间的位置,进行组合。

制作步骤:

▶ 制作台灯灯罩

(1)在前视图中绘制样条线,修改顶点位置,如图 4-3 所示。
(2)分别选择直线两端的点,单击鼠标右键设置成平滑效果,如图 4-4 所示。
(3)进入"修改"面板,添加"车削"修改器,在"参数"卷展栏中设置度数为 360,分段数为 32,对齐方

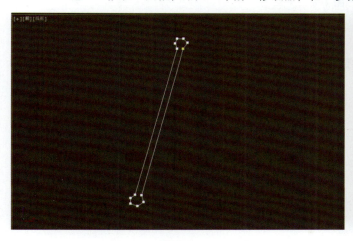

图 4-3

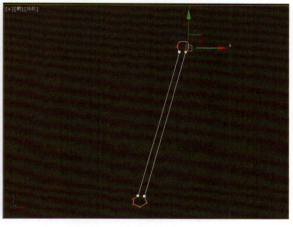

图 4-4

式为"最大",如图 4-5 所示。

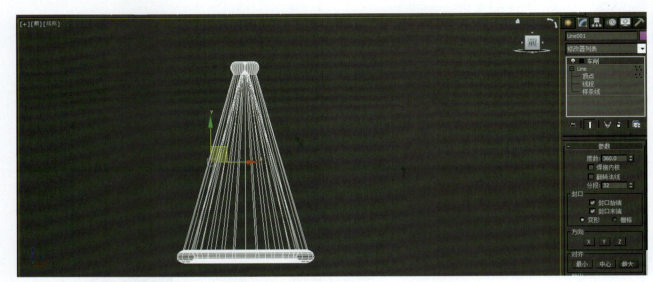

图 4-5

（4）如果效果不理想,可在"车削"修改器堆栈中选择"轴"层次,调整位置,如图 4-6 所示。

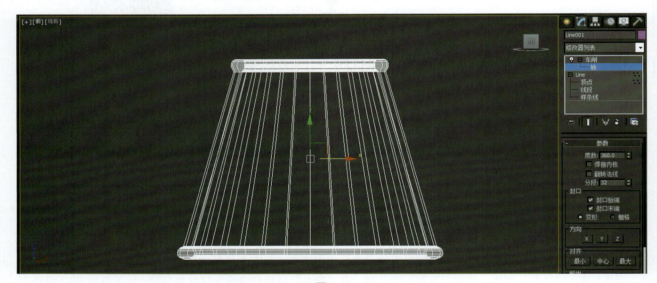

图 4-6

➤ 制作台灯底座

（1）在前视图中创建图 4-7 所示的样条线,调整角点、平滑点。

（2）进入"修改"面板添加"车削"修改器,设置参数分段为 32、方向为"Y"、对齐方式为"最大",如图 4-8 所示。

（3）如果效果不理想,可在"车削"修改器堆栈中选择"轴"层级,调整位置,如图 4-9 所示。

（4）调整模型位置,后期附加一些基本材质,渲染出图,效果如图 4-2 所示。

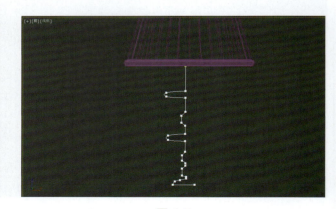

图 4-7

项目 4　修改器建模　055

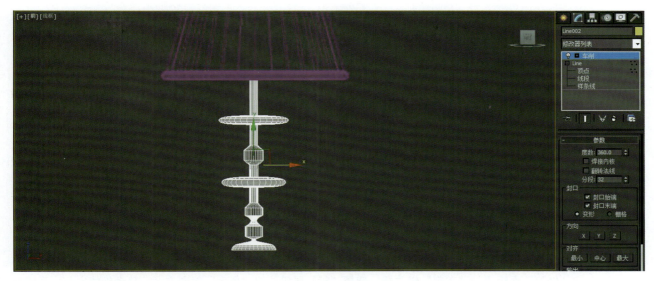

图 4-8

图 4-9

拓展练习

用"弯曲"工具制作创意落地灯

作品完成效果（图 4-10）：

图 4-10

制作思路：

（1）使用"样条线"工具制作灯体，编辑顶点，进行倒角，利用"车削"修改器制作模型。

（2）使用"弯曲"工具制作弯曲灯杆。

（3）使用"移动""捕捉"工具调整模型间的位置，进行组合。

制作步骤：

落地灯在家居软装搭配中越来越趋于造型多变，有一些落地灯的经典款式一直延续到现代家具设计中，其中弯曲杆就是一种常用款，如图 4-11 所示。

图 4-11

➤ 制作落地灯灯体

（1）在前视图中画一条斜线，进入"修改"面板，在"样条线"级别下为线条添加轮廓，如图 4-12 所示。

（2）在"修改"面板添加"车削"修改器，选择"轴"层级，以"最大"对齐方式，移动轴的方向，形成合适比例的灯罩模型，如图 4-13 所示。

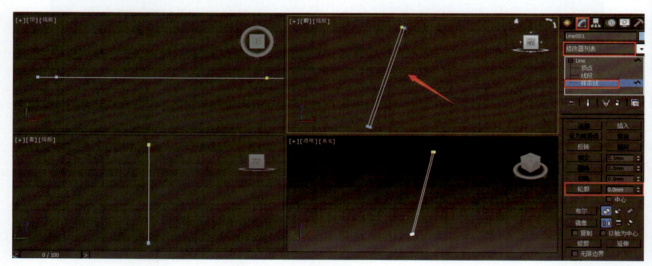

图 4-12

图 4-13

(3)在灯罩内部同样以"样条线"工具绘制图形，然后添加"车削"修改器制作灯泡，如图 4-14 所示。

(4)将之前制作的灯罩以及灯泡成组，以方便之后移动、调整位置，如图 4-15 所示。

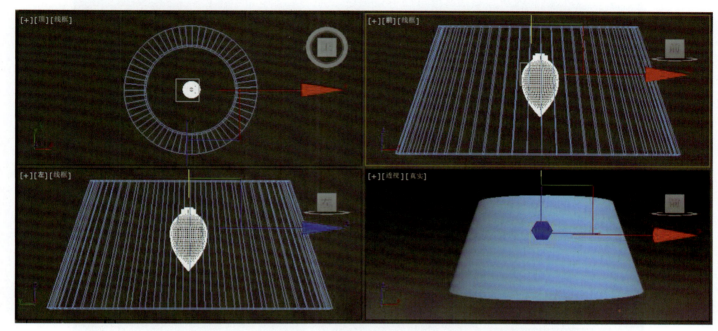

图 4-14

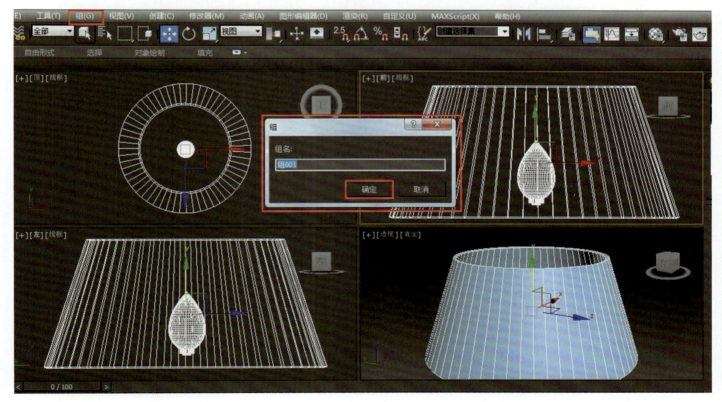

图 4-15

（5）利用"样条线"工具绘制一条线，并添加"挤出"修改器，作为灯杆（特别注意：灯杆的分段数一定要多，以便于下一步调整），如图4-16所示。

（6）在"修改"面板添加"弯曲"修改器，沿着某个轴向进行角度调整，如图4-17所示。

（7）移动灯罩及灯杆到合适位置，完善其他部分，并复制另一组落地灯，如图4-18所示。

（8）为台灯赋予材质，初步渲染，出图，如图4-10所示。

图 4-16

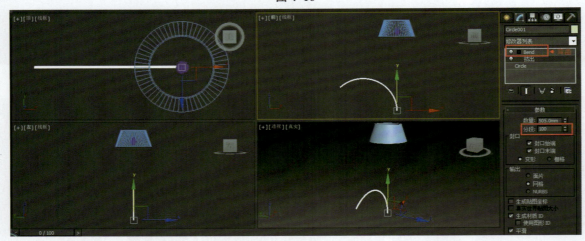

图 4-17

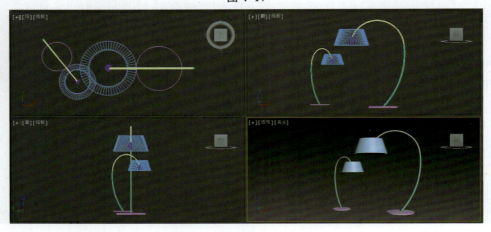

图 4-18

拓展练习

用"晶格"命令制作藤椅

作品完成效果（图 4-19）：

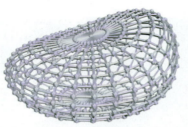

图 4-19

制作思路：

（1）使用"球体"工具建模，作为藤椅的初步模型。
（2）使用"FFD 4×4×4"修改器修改模型轮廓并使用"晶格"命令使模型变成镂空。
（3）使用"移动""捕捉""镜像"工具调整模型间的位置，进行组合。

制作步骤：

➤ 制作藤椅实体

（1）在顶视图中绘制一个球体，进入"修改"面板，添加"FFD 4×4×4"修改器，如图 4-20 所示。
（2）选择"控制点"层级，调整球体使其初具藤椅造型，如图 4-21 所示。

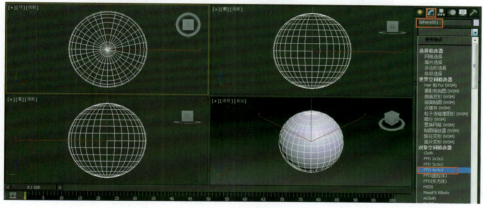

图 4-20

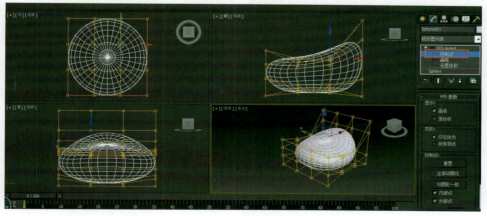

图 4-21

➢ 制作镂空藤椅

（1）进入"修改"面板，添加"晶格"修改器，调整晶格参数，如图 4-22 所示。
（2）调整位置及渲染背景，出图，如图 4-19 所示。
（3）后期还可以通过对晶格参数的调整，制作出不同的藤椅造型，如图 4-23 所示。

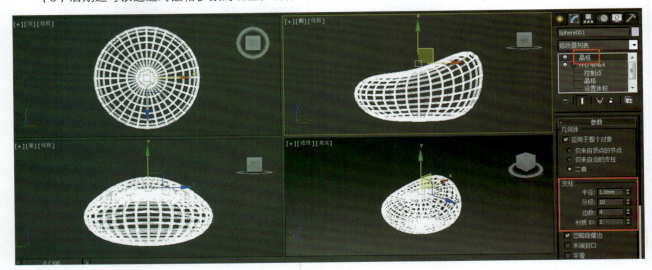

图 4-22

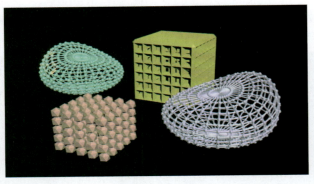

图 4-23

难度进阶：

通过后期对修改器建模的深入学习，可以利用这种建模方式创建更多的模型，如图 4-24 和图 4-25 所示。

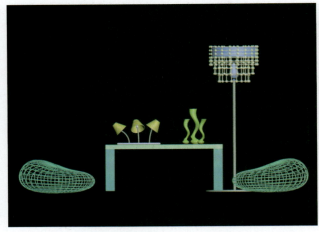

图 4-24

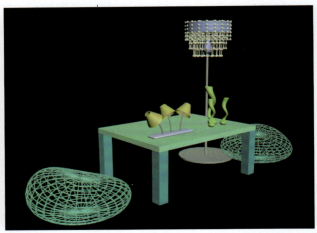

图 4-25

PROJECT FIVE

项目 5　多边形建模

项目导学

多边形建模的优势非常明显。首先，它的操作感非常好，3ds Max 2014 为用户提供了许多高效的工具，良好的操作感可使初学者快速上手，因为可以一边做，一边修改；其次，它可以对模型的网格密度进行较好的控制，使最终模型的网格分布稀疏得当，后期还能及时对不太合适的网格分布进行纠正，效率相当高。

多边形建模虽然有很大优势，但也有一些不足，因为它比较擅长表达光滑的曲面，而对于创建边缘尖锐的曲面就显得有些逊色。当创建的模型非常复杂时，物体上的调节点会非常多，这就要求用户有比较高的空间构造把握能力，合理地划分网格，否则做出的模型既不到位，也会产生许多多余的面。

所以说，多边形建模能力主要体现在两个方面，即对模型结构的把握程度和对模型网格分布的控制。

学习要点

编辑多边形常用命令。

5.1　概　述

通过可编辑多边形可以对物体进行编辑。一般创建一个几何体，再将这个几何体转换为可编辑多边形，通过编辑顶点、边、边界、多边形、元素，最终可得到想要的模型效果。

5.2　编辑多边形常用命令

在"修改"面板中可见到"可编辑多边形"修改器，其包含"顶点""边""边界""多边形""元素"五个层级，如图 5-1 所示。单击"顶点"按钮，可对几何体中的点进行编辑，如图 5-2 所示。

单击"顶点"→"创建"按钮，可对已创建的几何体进行点编辑，需要配合"捕捉"工具使用。可在边上增加顶点，如图 5-3 所示。

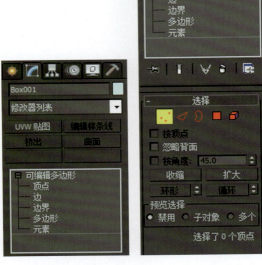

图 5-1　　　　　图 5-2

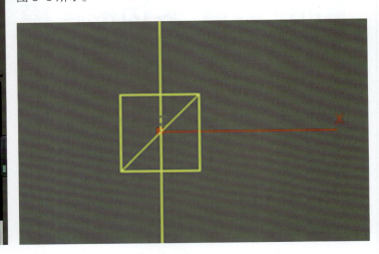

图 5-3

单击"顶点"→"附加"按钮，可以将其他物体合并到当前的多边形中，变为多边形的一个元素，如图 5-4 所示。同时它也继承了多边形的一切属性和可编辑性，可以合并 3ds Max 中创建的大部分物体。进入子层级中还可以选中它们，操作也很简单，单击"附加"按钮即可，如图 5-5 所示。除此之外还可以在视图中单击要合并进来的物体，如图 5-6 所示。

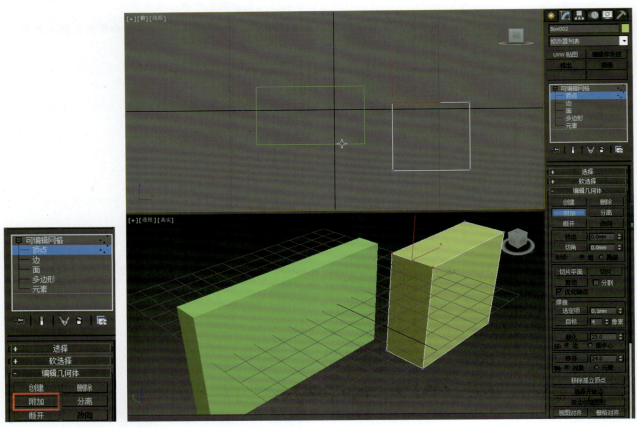

图 5-4　　　　　图 5-5

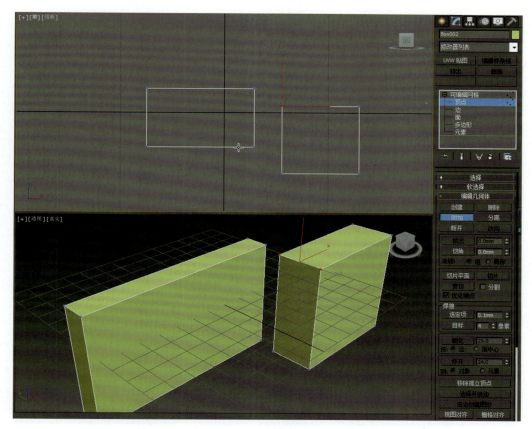

图 5-6

单击"顶点"→"分离"按钮,可将选择部分从当前多边形中分离出去,如图 5-7 所示。分离有两种方式,既可以分离为当前多边形的一个元素,也可以分离为一个单独的物体,与当前多边形完全脱离关系,并允许重新命名。这些可以在选择子物体单击"分离"按钮后弹出的对话框中进行设置,如图 5-8 所示。

单击"顶点"→"移除"按钮,可以移除多边形中的点,如图 5-9 所示。多边形编辑过程中有两种删除形式,一种是当删除点时,包含点的面因失去基础而消失,产生洞,这类删除只要选择好子物体后按 Delete 键可。另一种是运用"移除"命令删除点,如图 5-10 所示,包含点的面不会消失,而是转移到与删除的点邻近的点上,不会出现漏洞。这个命令适用于"顶点"和"边"层级,如图 5-11 所示。

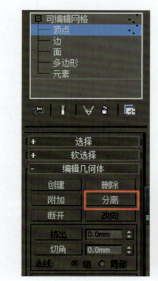

图 5-7　　　　　图 5-8　　　　　图 5-9

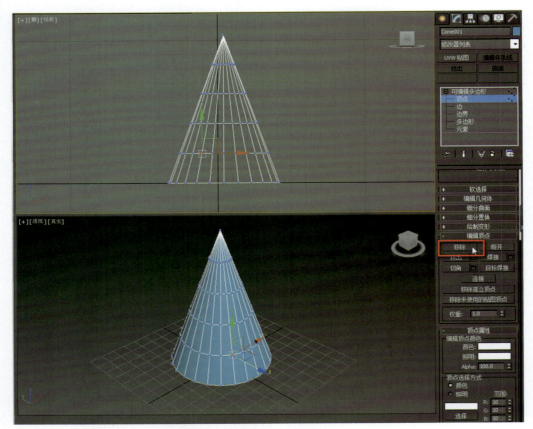

图 5-10

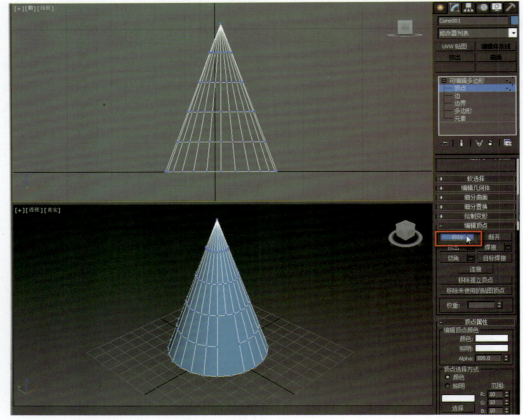

图 5-11

单击"顶点"→"断开"按钮，如图 5-12 所示，可以将选中的点分解，打断连着此点的几条边，打断后分解为相应数目的点。这个命令只适用于"顶点"层级，如图 5-13 所示。断开的点移动后呈现的效果如图 5-14 所示。

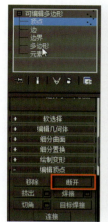

图 5-12

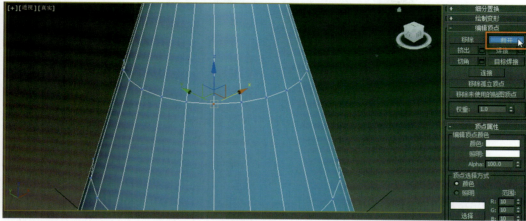

图 5-13

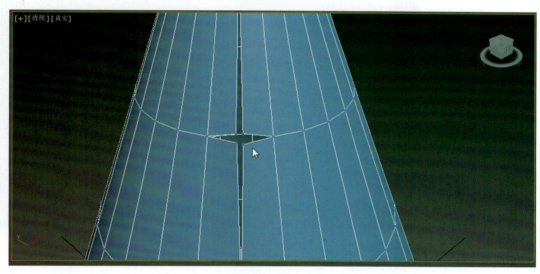

图 5-14

单击"边"→"目标焊接"按钮，如图 5-15 所示，可将选中的点或边拖曳到要焊接的点或边附近（在设定的阈值范围内）完成焊接操作，如图 5-16 所示，效果如图 5-17 所示。

图 5-15

图 5-16

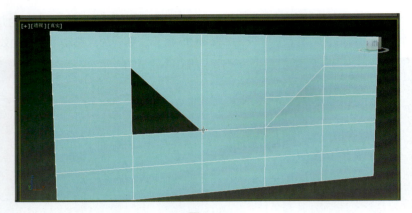

图 5-17

单击"多边形"→"挤出"按钮,如图 5-18 所示,对选中的面进行挤出操作,单击"挤出"右侧的"设置"按钮,弹出挤出数值设置面板,如图 5-19 所示。

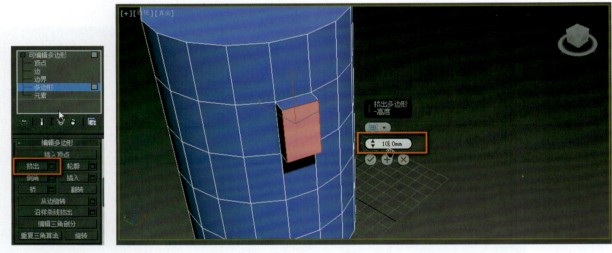

图 5-18　　　　　　　　　　　　　　　　图 5-19

单击"多边形"→"倒角"按钮,可在挤出面编辑倒角效果。先选中面,单击"倒角"按钮,如图 5-20 所示,在面上单击鼠标并拖曳可以将面拉伸,然后释放鼠标,这时移动鼠标可以形成倒角效果,得到合适的效果后再次单击鼠标确认,如图 5-21 所示,同样会弹出一个数值设置面板。此命令只适用于"多边形"层级。

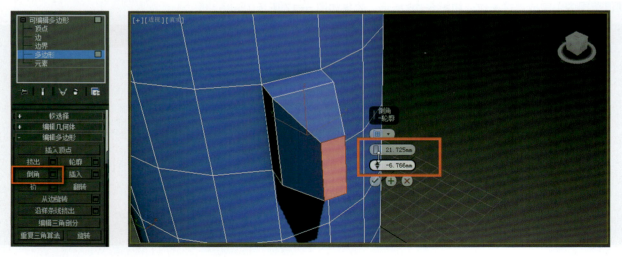

图 5-20　　　　　　　　　　　　　　　　图 5-21

单击"多边形"→"切片平面"按钮,可对多边形进行整体切分。单击"切片平面"按钮,如图 5-22 所示,会出现一个切分平面,这个平面是无限延伸的,如图 5-23 所示。切分平面与多边形相交部分会出现切分出的边,可以对切分平面进行移动和旋转。当"切片平面"功能被激活后,下方的"切片"按钮也变为激活状态,如图 5-24 所示,单击此按钮可完成切分操作。单击"重置平面"按钮可以将切分平面重置为原始状态。

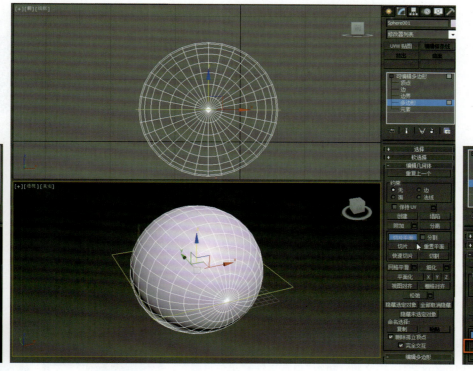

图 5-22　　　　　　　　　　　　　图 5-23　　　　　　　　　　　　　图 5-24

单击"多边形"→"快速切片"按钮,只对选择的面进行切分。先选中要切分的面,在面上单击拖出一条直虚线,它与选中的面相交的部分会切分出新的边。具体效果如图 5-25 所示。

单击"多边形"→"切割"按钮,直接对多边形的面进行切分,面会自动被划分开。单击"切割"按钮,将鼠标放在点、线、面上可以连续切分。注意,鼠标放在点、线、面上的状态是有区别的。切割点、线、面的效果如图 5-26 ~ 图 5-28 所示。

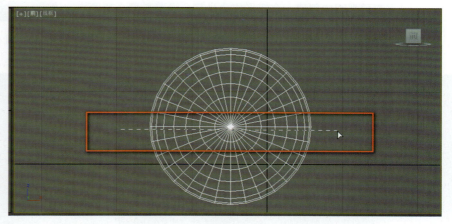

图 5-25

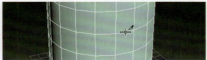

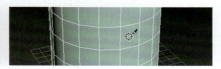

图 5-26　　　　　　　　　　　　　图 5-27　　　　　　　　　　　　　图 5-28

案例实战

用多边形制作靠背椅

作品完成效果（图 5-29）：

用多边形制作靠背椅

图 5-29

制作思路：

（1）使用"矩形"工具，"挤出""可编辑多边形""FFD 3×3×3"等修改器创建坐垫。

（2）使用"轮廓""连接""切角"命令，"FFD 2×2×2"修改器创建底座及扶手。

（3）使用"轮廓""矩形""角半径""挤出""移动""FFD 3×3×3"等工具、命令或修改器制作并调整木条模型的位置。

制作步骤：

▶ 制作靠背椅坐垫

（1）启动 3ds Max 2014 中文版，执行"自定义"→"单位设置"命令，将单位设置为毫米，具体设置如图 5-30 和图 5-31 所示。

（2）在顶视图中创建一个矩形作为坐垫，设置长度、宽度均为 650mm，如图 5-32 所示。

图 5-30

图 5-31

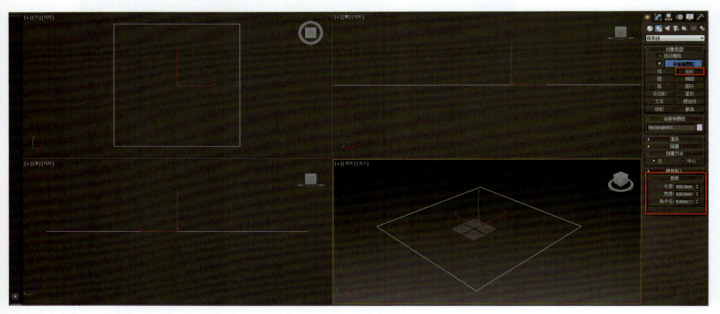

图 5-32

(3)选择创建的矩形,进入"修改"面板,单击"挤出"按钮,做出坐垫高度,设置"数量"为450,如图5-33所示。

(4)选中坐垫后单击鼠标右键,选择"转换为"→"转换为可编辑多边形"命令,在"可编辑多边形"修改器堆栈中选择"边"层级,单击"连接"右侧的"设置"按钮,如图5-34所示。

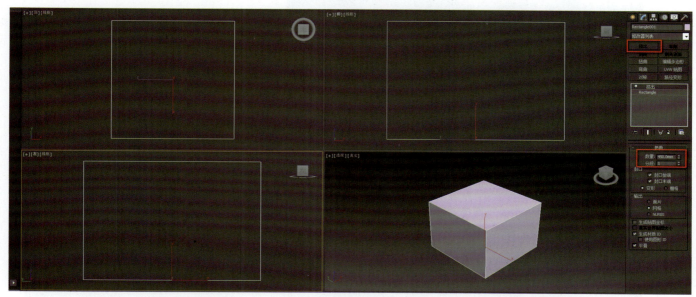

图 5-33

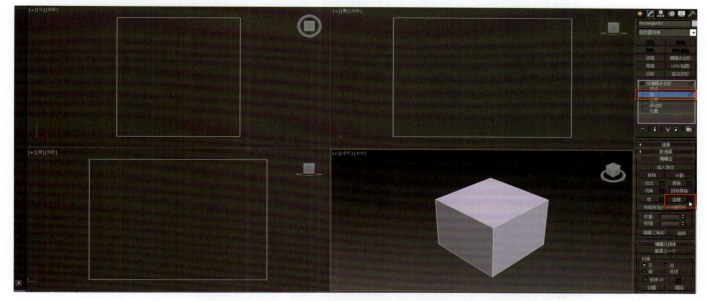

图 5-34

(5)在前视图中选取边,设置均等分布值为4,如图5-35所示,选取不同的边进行同样的操作,效果如图5-36所示。

(6)进入"顶点"层级,在顶视图中选取一边上的点,如图5-37所示,添加"FFD 3×3×3"修改器,如图5-38所示。对所选的点进行移动,调整边线至合适的曲线,如图5-39所示。用鼠标右键单击边线,选择"转换为"→"转换为可编辑多边形"命令。

(7)在顶视图中选取圆弧两端的点,使用"缩放"工具将两点向内收缩,形成流畅的圆弧,如图5-40所示。

(8)进入"多边形"层级,选取所有的面,单击"网格平滑"按钮。可单击多次直至达到最佳平滑效果,完成坐垫的制作,如图5-41所示。

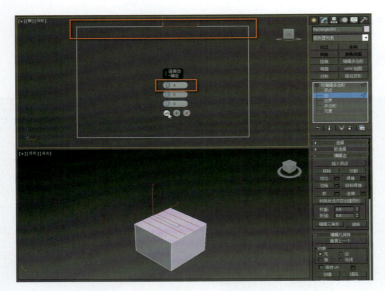

图 5-35

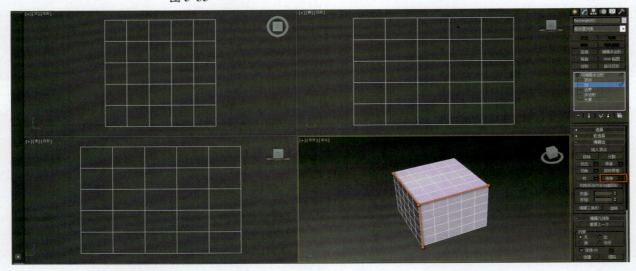

图 5-36

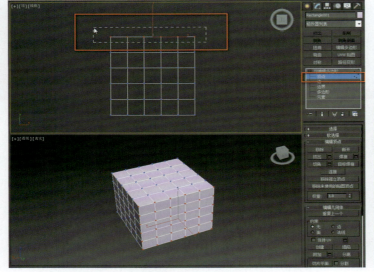

图 5-37   图 5-38

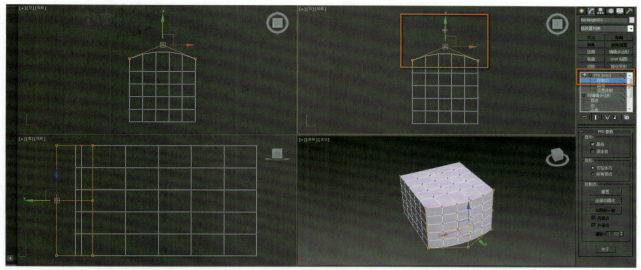

图 5-39

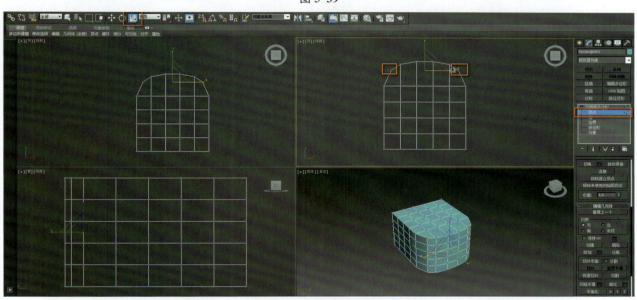

图 5-40

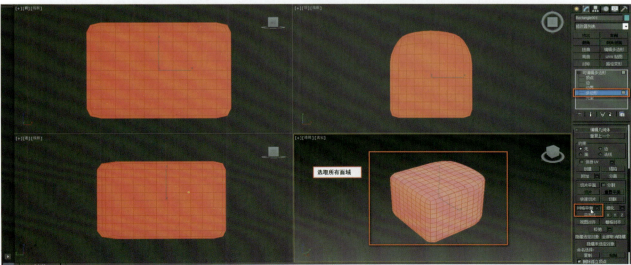

图 5-41

➤ 制作靠背椅底座及扶手

（1）单击"移动"按钮，按Shift键向上移动底座，完成复制，如图5-42所示。

（2）对复制的坐垫进行修改，进入"修改"面板，选择"边"层级，双击底部边线，单击"利用所选内容创建图形"按钮，在弹出的对话框中勾选"线性"单选按钮，如图5-43所示。

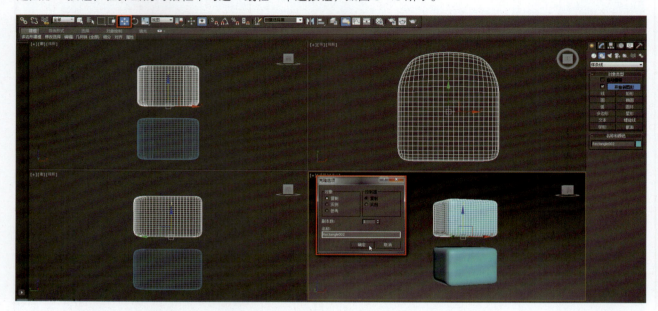

图 5-42

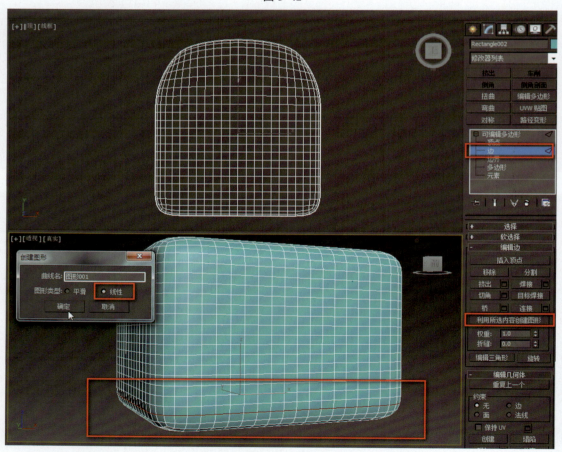

图 5-43

（3）将复制的坐垫删除，保留新创建的线框。选取线框，单击"对齐"按钮，再选取底座，在对话框中设置对齐方式，将线框与坐垫底部对齐，如图 5-44 所示。

（4）进入"样条线"层级，单击"轮廓"按钮，输入数值"-20"，如图 5-45 所示。

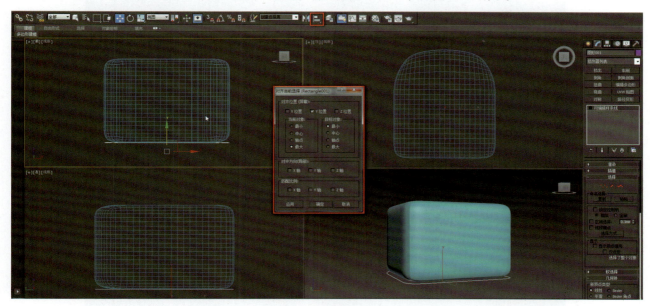

图 5-44

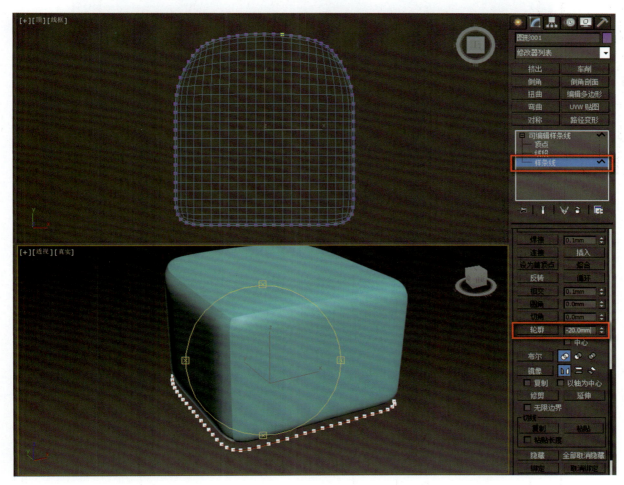

图 5-45

（5）进入"顶点"层级，选取所有线框点，单击鼠标右键选择"平滑"命令，如图 5-46 所示。单击"挤出"按钮，设置"数量"为 40，完成底座的制作，如图 5-47 所示。

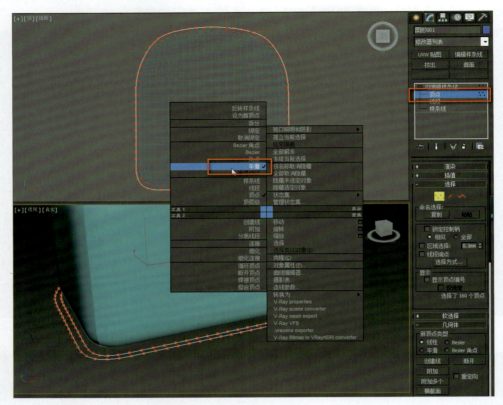

图 5-46

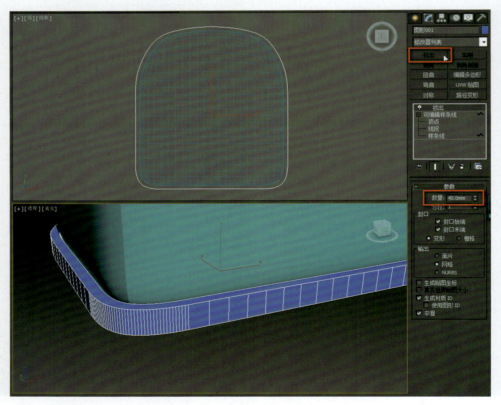

图 5-47

（6）选取底座边框，单击"移动"按钮，按 Shift 键向上移动底座边框，完成复制，如图 5-48 所示。单击"挤出"按钮，设置"数量"为 20，如图 5-49 所示。

（7）进入"线段"层级，将扶手多余的线段删除，如图 5-50 所示。单击鼠标右键，选择"连接"命令，将扶手两端断开的点连接，如图 5-51 和图 5-52 所示。

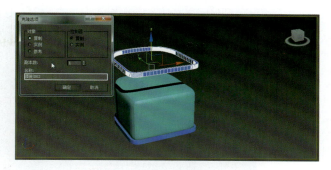

图 5-48

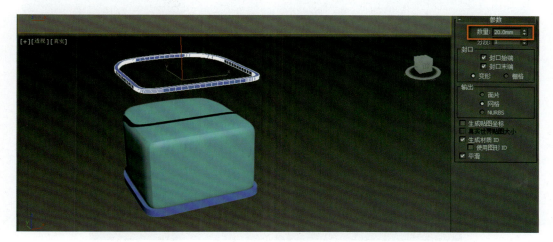

图 5-49

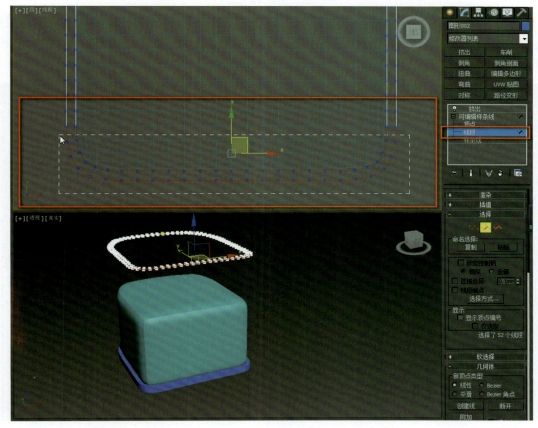

图 5-50

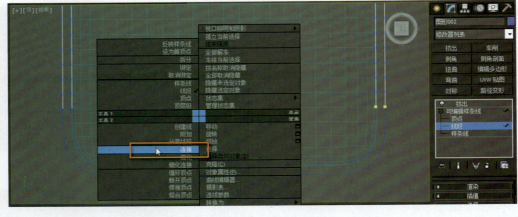

图 5-51

图 5-52

（8）用鼠标右键单击扶手，选择"转换为"→"转换为可编辑多边形"命令，将扶手转换为可编辑多边形。进入"边"层级，选择扶手两端线段，单击鼠标右键，选择"切角"命令，如图 5-53 所示。设置切角数值，切角量为 10mm，分段为 8，如图 5-54 所示。

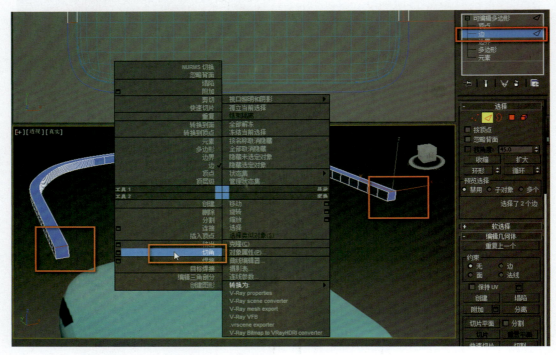

图 5-53

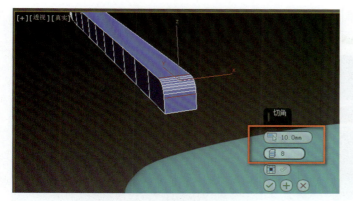

图 5-54

（9）进入"多边形"层级，选取扶手上面、下面及两端侧面，如图 5-55 所示。单击鼠标右键，选择"转换到边"命令，按 Alt 键，单击取消选择扶手两端转角边，如图 5-56 所示，再单击选择"切角"命令，调整切角设置至最终效果，如图 5-57 所示。

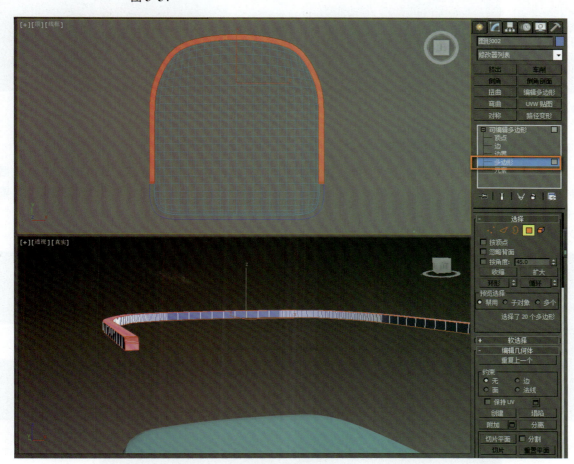

图 5-55

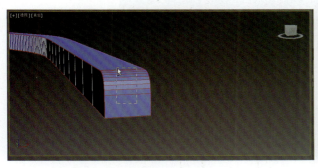

图 5-56

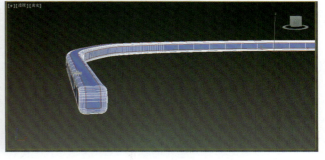

图 5-57

(10) 添加 "FFD 2×2×2" 修改器，进入 "控制点" 层级，如图 5-58 和图 5-59 所示。将左侧控制点向上移动，如图 5-60 所示。

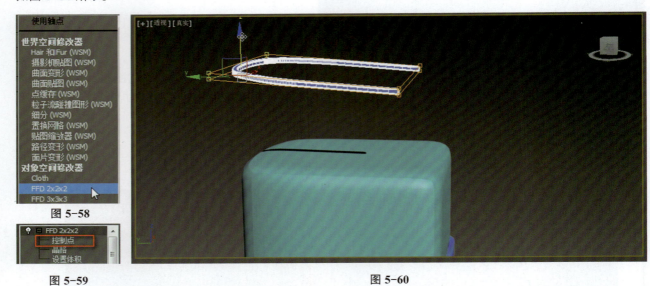

图 5-58

图 5-59　　　　　　　　　　　　　　　　　　图 5-60

制作靠背椅扶手木条并调整位置

（1）单击 "移动" 按钮，按 Shift 键向上移动底座边框，完成复制，如图 5-61 所示。添加 "挤出" 修改器，删除复制的底座边框。进入 "样条线" 层级，选取外轮廓线条并删除，如图 5-62 所示。单击 "轮廓" 按钮，输入数值 "-9"，并将原线条删除，如图 5-63 所示。

（2）将线框前端线段删除，如图 5-64 所示。

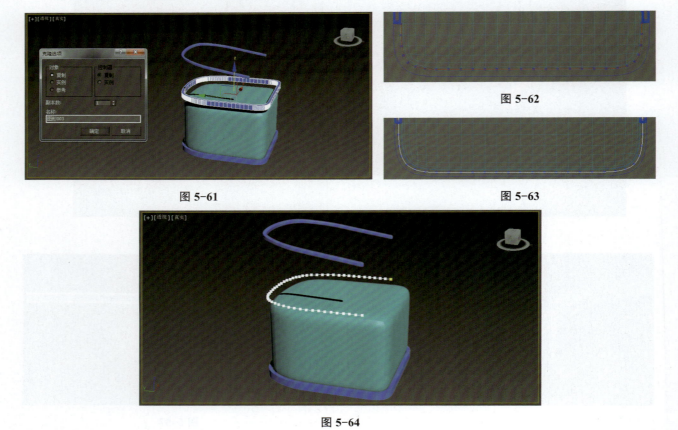

图 5-61　　　　　　　　　　　　图 5-62

图 5-63

图 5-64

（3）在顶视图中，将扶手宽度作为绘制范围，创建竖向矩形，如图5-65所示。进入"修改"面板，设置角半径为2mm，如图5-66所示。添加"挤出"修改器，"数量"设置为600mm，如图5-67所示。可将扶手向下移动至与柱体相交。

图 5-65

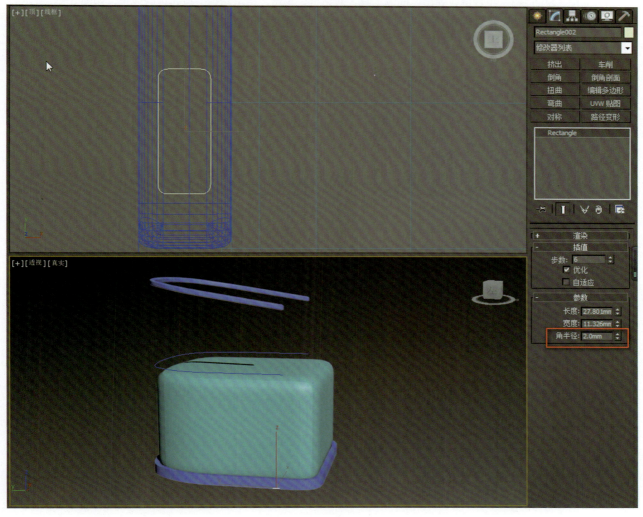

图 5-66

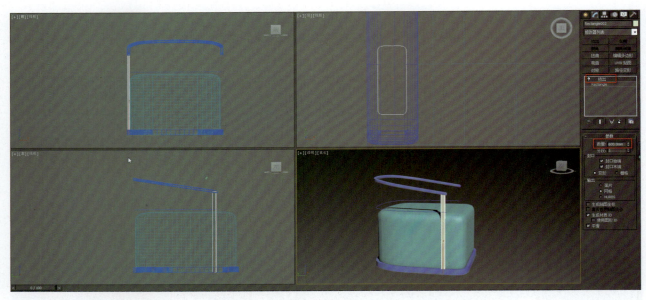

图 5-67

（4）按"Shift + I"组合键，弹出"间隔工具"对话框，单击"拾取路径"按钮选取线条，如图 5-68 所示。根据实际木条的紧密度调整对话框中的"计数"值，勾选"跟随"复选框，如图 5-69 所示。效果如图 5-70 所示。

（5）全选木条，单击"移动"按钮，移动至与底座框架对交，如图 5-71 所示。

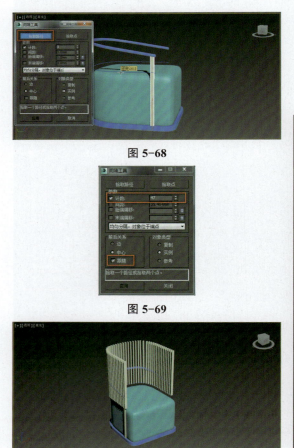

图 5-68

图 5-69

图 5-70

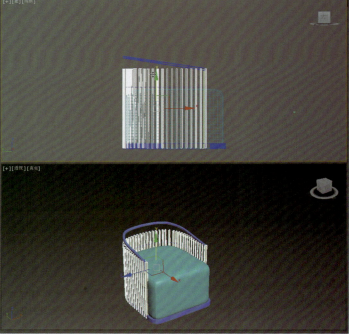

图 5-71

（6）添加"FFD 3×3×3"修改器，如图 5-72 所示，进入"控制点"层级，在左视图中调整木条的高度，并删除多余木条，如图 5-73 所示。

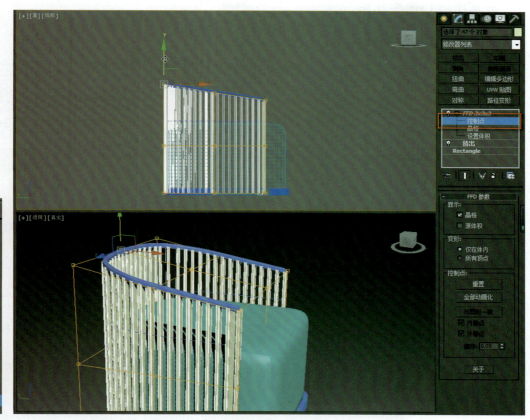

图 5-72　　　　　　　　　　　　　　　　　图 5-73

（7）最终模型效果如图 5-29 所示。

难度进阶：

在后期学完本门课程后，可对此靠背椅进行材质、灯光及摄影机参数设置，优化模型效果，如图 5-74 所示。

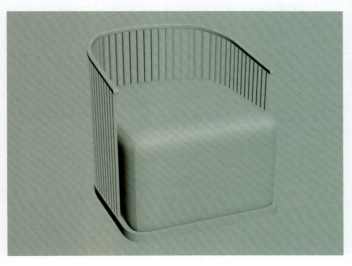

图 5-74

拓展练习

用多边形制作床头柜

作品完成效果（图 5-75）：

图 5-75

制作思路：

（1）使用"矩形""倒角""分离""挤出""切角"工具、命令或修改器创建床头柜外轮廓。
（2）使用"长方体""对齐""组"工具或命令创建把手。

制作步骤：

➤ 制作床头柜外轮廓

（1）单击"创建"→"图形"→"矩形"按钮，绘制长度为 400mm、宽度为 550mm 的矩形，如图 5-76 所示。进入"修改"面板，添加"倒角"修改器，设置参数为"起始轮廓"-50mm，级别 1："高度"20mm、"轮廓"0mm，级别 2："高度"0mm、"轮廓"50mm，级别 3："高度"200mm、"轮廓"0mm，如图 5-77 所示。单击鼠标右键，选择"转换为"→"转换为可编辑多边形"命令。

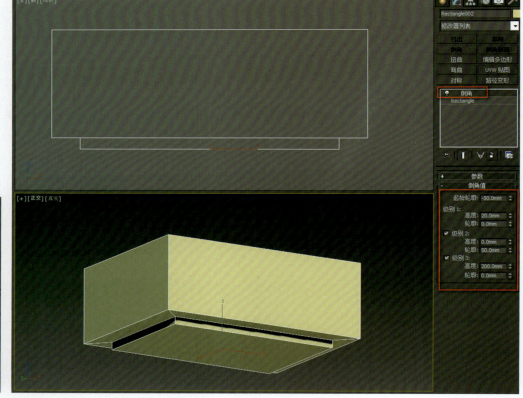

图 5-76　　　　　　　　　　　图 5-77

（2）进入"多边形"层级，选取正面，单击"分离"按钮，如图 5-78 所示。

（3）选取分离的面，进入"边"层级，添加"挤出"修改器，挤出边宽度为 10mm，如图 5-79 所示。

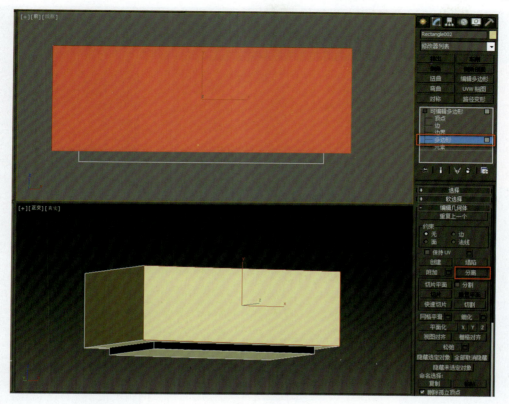

图 5-78

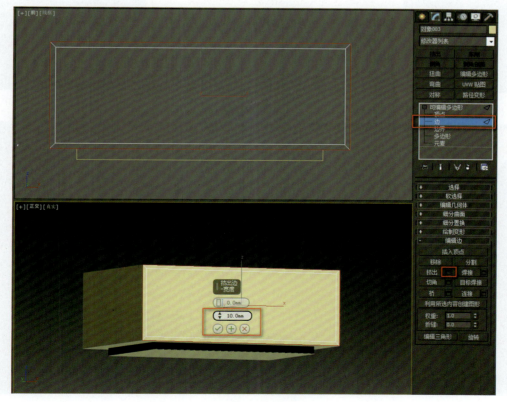

图 5-79

（4）进入"多边形"层级，选取正面，添加"挤出"修改器，挤出高度为 -10mm，如图 5-80 所示。

（5）进入"边"层级，选取转折边，如图 5-81 所示。单击"切角"按钮，切角量设置为 10mm，如图 5-82 所示。

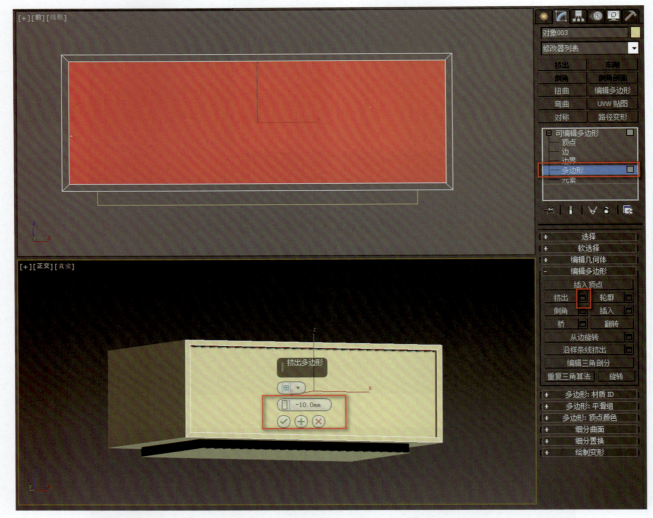

图 5-80

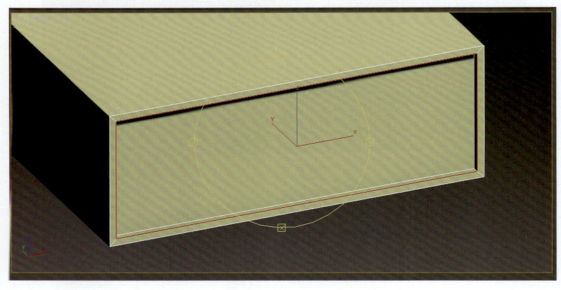

图 5-81

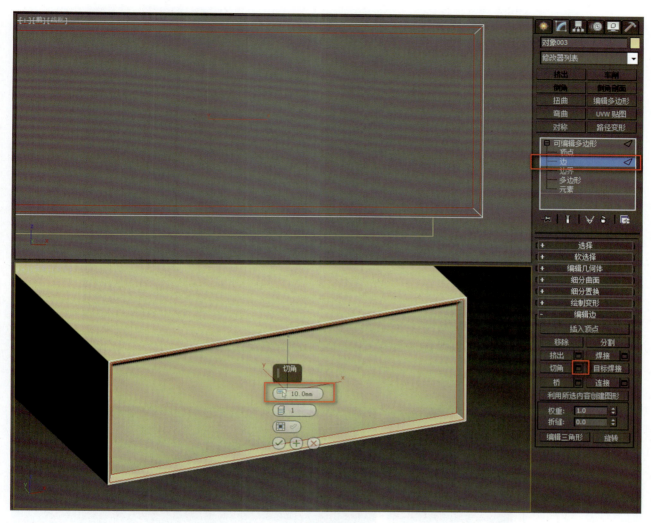

图 5-82

> 制作床头柜抽屉把手

（1）在前视图中绘制一个长度为 15mm、宽度为 10mm、高度为 10mm 的长方体，与床头柜正面对齐，按 Shift 键向右移动长方体，完成复制。再在前视图中绘制一个长度为 15mm、宽度为 50mm、高度为 5mm 的长方体，如图 5-83 所示。

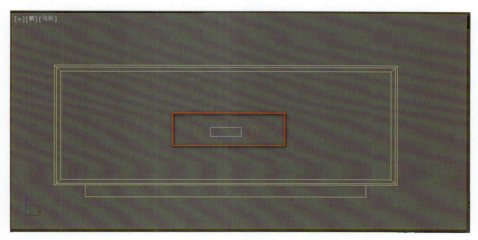

图 5-83

(2)使用"对齐"命令,将三个长方体中心对齐,如图 5-84 所示。

(3)选取三个长方体,执行"工具"→"组"命令,将三个长方体创建成组,如图 5-85 所示。设置为与床头柜前面板中心对齐,如图 5-86 所示。在左视图中,重复对齐一次,设置为"X 位置""最小"对齐,如图 5-87 所示。

(4)最终模型效果如图 5-88 所示。

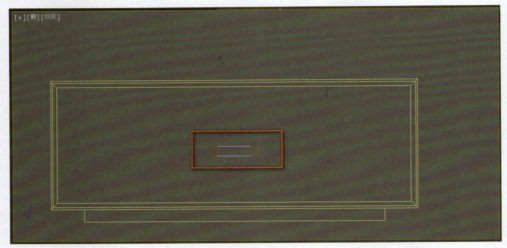

图 5-84

      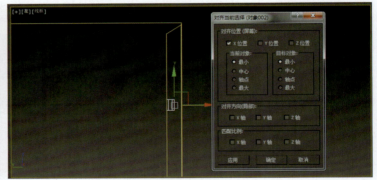

图 5-85   图 5-86   图 5-87

图 5-88

项目 6　灯光的创建与编辑

PROJECT SIX

项目导学

光是人们能看见绚丽世界的前提条件，假如没有光，一切将不再美好，而在摄影中最难把握的也是光的表现。在现在的设计工程中，不难发现各式各样的灯光主题贯穿其中，光影交织处处皆是，缔造出了不同的气氛及多重的意境。灯光可以说是一个较灵活及富有趣味的设计元素，可以成为气氛的催化剂，也能加强现有装潢的层次感。3ds Max 提供了三种类型的灯光，即光度学灯光、标准灯光以及 VRay 灯光。所有类型的灯光在视图中皆显示为灯光对象，它们共享参数，包括阴影生成器。通过本项目的学习，可以了解并掌握 3ds Max 标准灯光、光度学灯光以及 VRay 灯光的创建和编辑方法。

学习要点

（1）光度学灯光的创建与编辑；
（2）标准灯光的创建与编辑；
（3）VRay 灯光的创建与编辑。

6.1　光度学灯光的创建与编辑

使用光度学可以更精确地定义灯光，就像在真实世界里一样。可以设置它们的分布、强度、色温和其他真实世界中灯光的特征，也可以导入照明灯具制造商提供的特定光度学文件，以便设计基于商用灯光的照明。将光度学灯光与光能传递解决方案结合起来，可以生成精确的渲染效果或执行照明分析。光度学灯光有目标灯光、自由灯光、mr 天空入口 3 种类型，如图 6-1 所示。在创建灯光时，需要单击"创建"→"灯光"按钮，选择"光度学"选项，如图 6-2 所示。

图 6-1

图 6-2

以目标灯光为例，单击"创建"→"灯光"按钮，选择"光度学"选项，再单击"目标灯光"按钮，可以在视图中创建一个目标灯光，进入"修改"面板可更改其参数，如图 6-3 和图 6-4 所示。

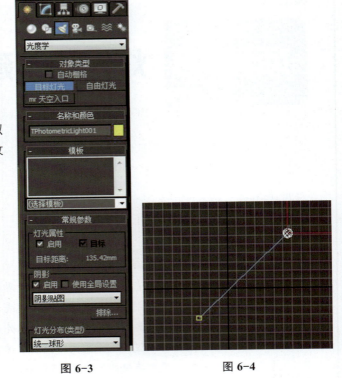

图 6-3　　　　　图 6-4

案例实战

用目标灯光制作壁灯

作品完成效果（图 6-5）：

图 6-5

制作思路：

（1）使用"光度学"灯光工具创建目标灯光。
（2）使用"修改"命令进行参数修改。
（3）使用"加载文件"工具载入光域网文件。
（4）使用"渲染"工具进行测试渲染并完成渲染。

制作步骤：

➢ 创建目标灯光

启动 3ds Max 2014，单击"创建"→"灯光"按钮，选择"光度学"选项，单击"目标灯光"按钮，在视图中创建一个目标灯光，在顶视图中使用"移动"工具把目标灯光拖进壁灯中，如图 6-6 ~ 图 6-8 所示。

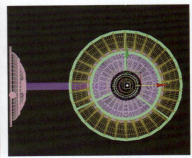

图 6-6　　　图 6-7　　　图 6-8

➤ 调整灯光参数

（1）单击"修改"按钮进入"修改"面板，进行所需要的参数修改，如图6-9和图6-10所示。

（2）单击"灯光分布（类型）"下的"光度学Web"选项，选择载入所需光域网文件，如图6-11和图6-12所示。

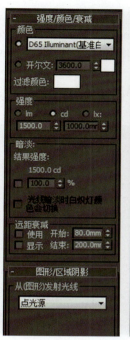

用目标灯光制作壁灯

图6-9　　　　图6-10　　　　图6-11　　　　图6-12

➤ 调整渲染参数

单击"渲染设置"按钮，进行"输出大小""V-Ray""GI"等参数设置，单击"渲染"按钮进行测试渲染，如图6-13～图6-15所示。

图6-13

图6-14　　　　　　　　　图6-15

6.2 标准灯光的创建与编辑

标准灯光是基于计算机的模拟灯光对象，如家庭或办公室灯具、舞台和电影工作室使用的灯光设备或太阳光本身。不同种类的灯光对象可用不同种类的光源模拟。与光度学灯光不同，标准灯光不具有基于物理的强度值。标准灯光有目标聚光灯、自由聚光灯、目标平行光、自由平行光、泛光、天光、mr Area Omni 和 mr Area Spot 8 种类型，如图 6-16 所示。在创建灯光时，需要单击"创建"→"灯光"按钮，选择"标准"选项，然后再单击"目标聚光灯"按钮，如图 6-17 所示。

以目标聚光灯为例，按上述方法可以在视图中创建一个目标聚光灯，进入"修改"面板可更改其参数，如图 6-18 和图 6-19 所示。

图 6-16　　　图 6-17　　　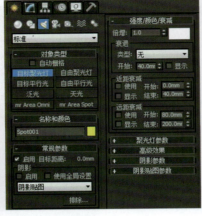图 6-18　　　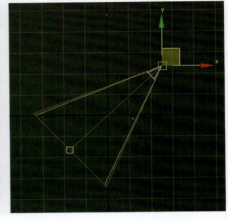图 6-19

案例实战

用目标聚光灯制作餐厅吊灯

作品完成效果（图 6-20）：

图 6-20

用目标聚光灯制作
餐厅吊灯

制作思路：

（1）使用"标准"灯光工具创建目标聚光灯。
（2）使用"常规参数"卷展栏进行灯光设置。
（3）使用"修改"面板进行所需参数的修改。
（4）使用"渲染"工具进行测试渲染并完成渲染。

制作步骤：

➤ 创建目标灯光

启动 3ds Max 2014，单击"创建"→"灯光"按钮，选择"标准"灯光，单击"目标聚光灯"按钮，在视图中创建一个目标聚光灯，在顶视图中使用"移动"工具（快捷键W）把目标聚光灯拖到吊灯下方，如图6-21~图6-23所示。

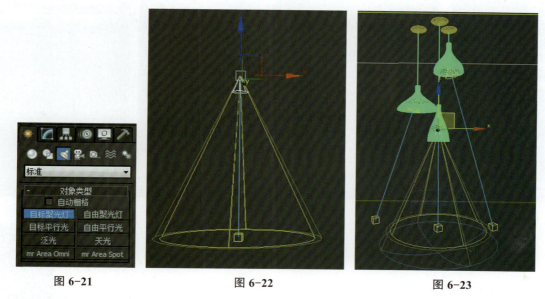

图 6-21　　　　　　图 6-22　　　　　　图 6-23

➤ 选择灯光类型

进入"修改"面板，单击打开"常规参数"卷展栏，选择所需灯光类型（共有3种类型可以选择，分别是聚光灯、平行光和泛光），选择"聚光灯"选项，如图6-24所示。

➤ 调整灯光参数

单击打开"强度/颜色/衰减""聚光灯参数""高级效果""阴影参数""阴影贴图参数"卷展栏，进行所需参数的修改，如图6-25~图6-29所示。

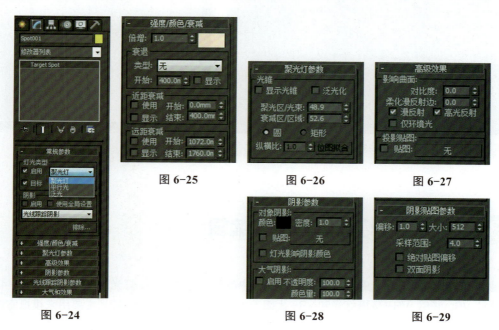

图 6-24　　　　图 6-25　　　　图 6-26　　　　图 6-27

　　　　　　　　　　　　　　　图 6-28　　　　图 6-29

➤ 调整渲染参数

单击"渲染设置"按钮，进行"输出大小""V-Ray""GI"等参数的设置，单击"渲染"按钮进行测试渲染，如图 6-30 ~ 图 6-32 所示。

图 6-30

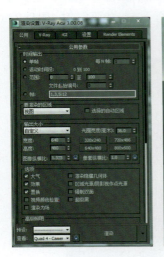

图 6-31

图 6-32

难度进阶：

在制作吊灯的基本步骤的基础上使用"移动"工具把目标聚光灯的角度进行倾斜，就可以作为台灯的灯光，如图 6-33 所示，最终完成效果如图 6-34 所示。

用目标聚光灯制作台灯

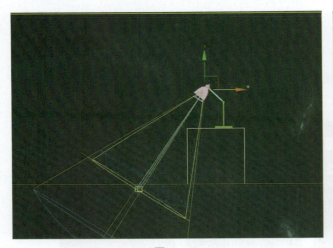

图 6-33

图 6-34

6.3 VRay 灯光的创建与编辑

安装好 VRay 渲染器后，在"灯光"创建面板中就可以选择 VRay 灯光。VRay 灯光包括 4 种类型，分别是 VR- 灯光、VRayIES、VR- 环境灯光和 VR- 太阳，如图 6-35 所示。VR- 灯光主要用来模拟室内光源。VRayIES

是一个 V 形的射线光源插件，可以用来加载 IES 灯光，能使现实中的灯光分布更加逼真。VR-环境灯光可以用来模拟环境光的效果。VR-太阳主要用来模拟真实的太阳光。在创建 VRay 灯光时，单击"创建"→"灯光"按钮，选择"VRay"选项即可，如图 6-36 所示。在视图中创建 VRay 灯光后，单击进入"修改"面板即可更改其参数，如图 6-37 和图 6-38 所示。

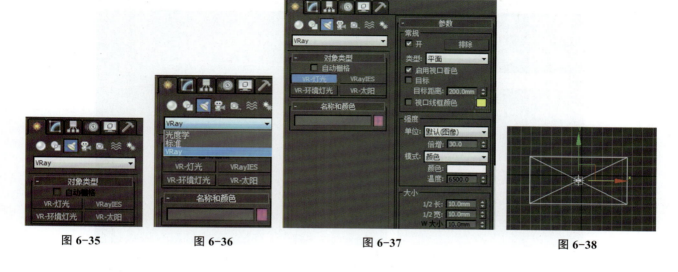

图 6-35　　　　图 6-36　　　　图 6-37　　　　图 6-38

案例实战

用 VRay 灯光制作艺术壁灯

作品完成效果（图 6-39）：

图 6-39

用 VRay 灯光制作艺术壁灯

制作思路：

（1）使用"VRay"灯光工具创建 VR-灯光。
（2）使用"参数"卷展栏进行灯光类型设置。
（3）使用"修改"面板进行所需参数的修改。
（4）使用"渲染"工具进行测试渲染并完成渲染。

制作步骤：

➤ 创建 VRay 灯光

启动 3ds Max 2014，单击"创建"→"灯光"按钮，选择"VRay"选项，单击"VR-灯光"按钮，在视图中创建一个 VR-灯光，如图 6-40 和图 6-41 所示。

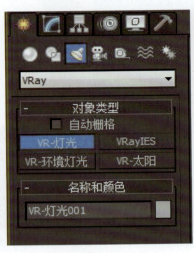
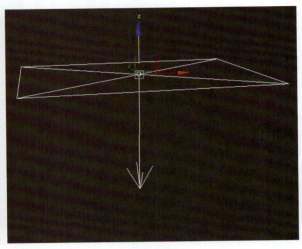

图 6-40　　　　　　　　　　　　　　图 6-41

➤ 选择灯光类型

单击打开"参数"卷展栏，在"类型"下拉列表中选择灯光的类型（共有 4 个选项，即平面、穹顶、球体和网格），在顶视图中使用"移动"工具把 VR-灯光拖进壁灯里，如图 6-42 和图 6-43 所示。

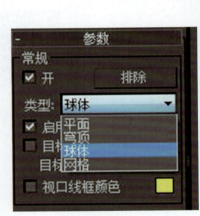
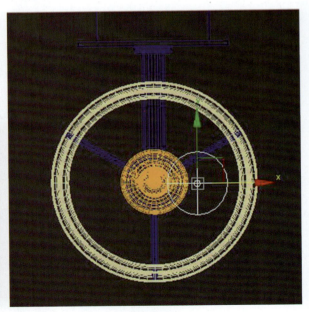

图 6-42　　　　　　　　　　　　　　图 6-43

➤ 调整灯光参数

在"强度"选项组中修改单位为"默认（图像）"，调整倍增值、颜色，在"选项"选项组中勾选"投射阴影""不可见""影响漫反射""影响高光"复选框，如图 6-44～图 6-46 所示。

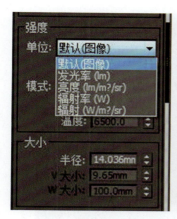 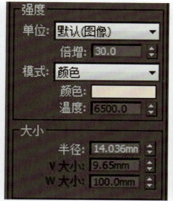 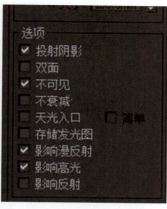

图 6-44　　　　　　　　　图 6-45　　　　　　　　　图 6-46

➤ 调整渲染参数

单击"渲染设置"按钮，进行"输出大小""V-Ray""GI"等参数的设置，单击"渲染"按钮进行测试渲染，如图 6-47 ~ 图 6-49 所示。

图 6-47

 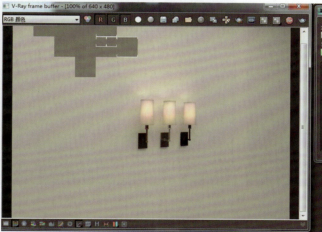 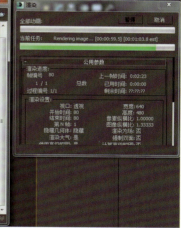

图 6-48　　　　　　　　　　　　　　图 6-49

案例实战

用 VRay 灯光制作灯带

作品完成效果（图 6-50）：

➤ 创建 Vary 灯光

与创建壁灯的步骤基本一致，单击"创建"→"灯光"按钮，选择"VRay"选项，单击"VR- 灯光"按钮，在顶视图中创建一个 VR- 灯光，如图 6-51 和图 6-52 所示。

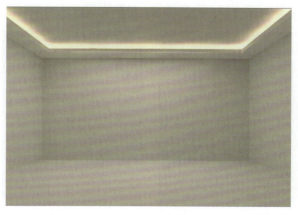

图 6-50

用 VRay 灯光制作灯带

图 6-51

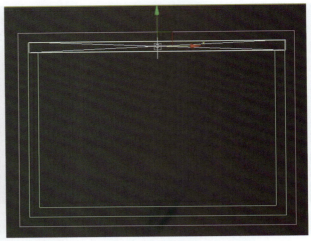
图 6-52

➢ 选择灯光类型

单击打开"参数"卷展栏,在"类型"下拉列表中选择灯光的类型(共有 4 个选项,即平面、穹顶、球体和网格),在前视图中使用"移动"工具把 VR- 灯光拖到灯槽上面,如图 6-53 和图 6-54 所示。

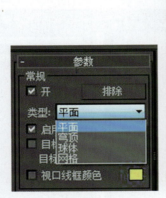
图 6-53

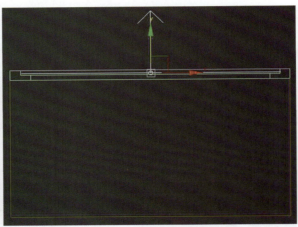
图 6-54

➢ 调整灯光参数

在"强度"选项组中修改单位为"默认(图像)",调整倍增值、颜色,在"选项"选项组中勾选"投射阴影""不可见""影响漫反射""影响高光"复选框,如图 6-55 ~ 图 6-57 所示。

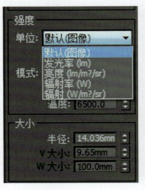
图 6-55　　　　　图 6-56　　　　　图 6-57

项目 6　灯光的创建与编辑　097

➤ 调整渲染参数

单击"渲染设置"按钮，进行"输出大小""V-Ray""GI"等参数的设置，单击"渲染"按钮进行测试渲染，如图 6-58 ~ 图 6-60 所示。

图 6-58

图 6-59

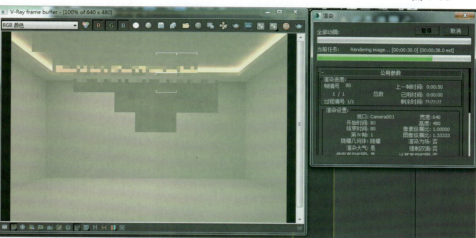

图 6-60

案例实战

用 VRay 灯光制作黄昏书房

作品完成效果（图 6-61）：

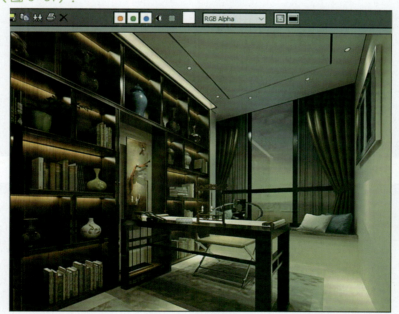

图 6-61

用 VRay 灯光制作黄昏书房

制作思路：

（1）使用"VRay"灯光工具创建 VR-灯光，调整灯光的位置。

（2）使用"修改"面板进行所需参数的修改。

（3）使用"渲染"工具进行测试渲染并完成渲染。

操作步骤：

➢ 创建 VRay 灯光

启动 3ds Max 2014，创建好一个书房空间后，单击"创建"→"灯光"按钮，选择"VRay"选项，单击"VR-灯光"按钮，在视图中创建所需的 VR- 灯光并调整灯光的位置，如图 6-62 ~ 图 6-64 所示。

图 6-62

图 6-63

图 6-64

➤ 调整灯光参数

在"强度"选项组中修改单位为"默认（图像）"，调整倍增值、颜色，在"选项"选项组中勾选相应复选框，为达到黄昏效果可把颜色改成暖色调，如图6-65和图6-66所示。

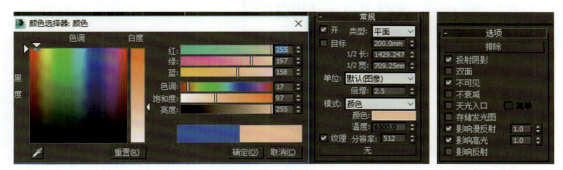

图 6-65　　　　　　　　　　　　　　　　　　　图 6-66

➤ 调整渲染参数

单击"渲染设置"按钮，进行"输出大小""V-Ray""GI"等参数的设置，单击"渲染"按钮进行测试渲染，如图6-67～图6-69所示。

图 6-67

图 6-68　　　　　　　　　　图 6-69

PROJECT SEVEN

项目 7　材质与贴图

项目导学

3ds Max 的材质通常分为两大类，一类是标准材质，另一类是 VRay 材质。在 3ds Max 的材质中，运用贴图可以模拟纹理、反射、折射等效果。本项目将重点对 VRay 材质编辑器、材质的类型、贴图等知识进行介绍，让学生掌握其使用及设置方法。

学习要点

（1）标准材质设置；
（2）VRay 渲染器；
（3）VRayMtl 材质。

7.1　标准材质设置

标准材质是 3ds Max 中自带的一个材质类型，也是最基础的材质类型。VRay 材质是在 3ds Max 中安装 VRay 插件后才能使用的材质。本节主要介绍标准材质，如图 7-1~ 图 7-4 所示。

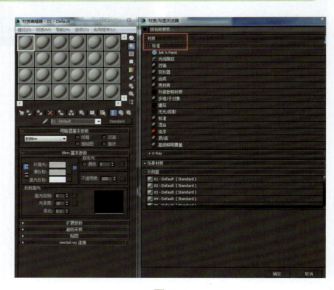

图 7-1

项目 7　材质与贴图　101

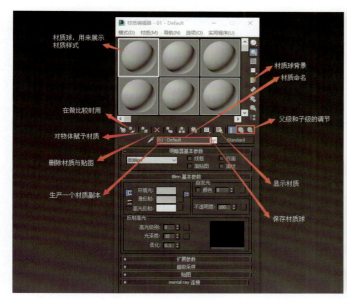

图 7-2

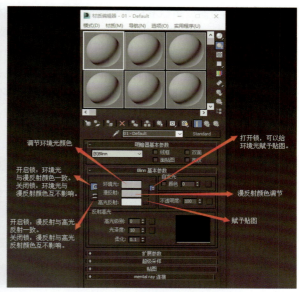

图 7-3

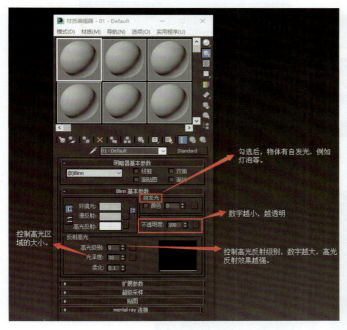

图 7-4

在 3ds Max 2014 中，标准材质分为 Ink'n Paint、光线跟踪、双面等共计 15 种。

Ink'n Paint：常用于卡通动画的制作。

光线跟踪：常用于创建真实的反射和折射效果。

双面：常用于对象内外或者正反面要求分别制作不同材质时。

变形器：需要结合"变形器"修改器一起使用，能够做出材质融合的变形动画效果。

合成：可以将多个不同材质叠加在一起，可以制作金属生锈的效果。

壳材质：需要结合"渲染到贴图"命令一起使用，可以将"渲染到贴图"命令产生的贴图贴回物体。

外部参照材质：参考外部对象所运用的材质。

多维/子对象：把多个子材质应用到单个对象的子对象。

建筑：建筑外观的材质。

无光/投影：可以隐藏场景中的物体，渲染时也观察不到，不会遮挡背景，能产生自身投影的效果。

标准：系统默认的材质。

混合：将两个不同的材质融合在一起，根据融合度的不同来控制两种材质的显示程度。

虫漆：用来控制两种材质混合数量的比例。

顶/底：为一个物体制定顶端或者底端材质，中间交互处可以产生过渡效果。

高级照明覆盖：配合光能传递使用的一种材质，能控制光能传递和物体之间的反射比。

以红酒杯为例，用标准材质制作玻璃杯效果，具体步骤如下：

（1）选择一个材质球，为其设置相关参数。"漫反射"用于调整物体的固有色，调整漫反射值给玻璃添加一点绿色的效果，如图 7-5 所示。

（2）"高光反射"用于调节物体的高光反射颜色，设置高光反射为白色，如图 7-6 所示。

（3）设置"高光级别"值为 155，光泽度为 80，不透明度为 10。参数设置完成后，材质球样式如图 7-7 所示。

（4）选中高脚杯模型，赋予材质球，效果如图 7-8 所示。

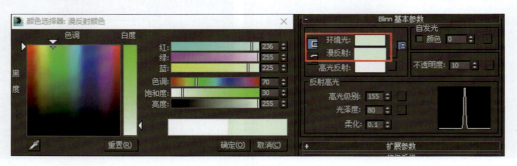

图 7-5

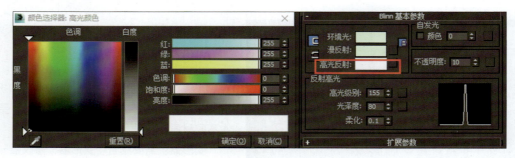

图 7-6

图 7-7　　　　图 7-8

7.2　VRay 材质设置

　　VRay 渲染器是一种真正的光迹追踪和全局光照的渲染器。它提供了一种特殊的材质 VRayMtl。在场景中使用该材质能够获得更加准确的物理照明（光能分布）和更快的渲染，反射和折射参数调节更方便。使用 VRayMtl，可以应用不同的纹理贴图，控制其反射和折射，增加凹凸贴图和置换贴图，强制直接全局照明计算，选择用于材质的 BRDF。未来，VRay 将向智能化、多元化的方向发展。

VRayMtl 是目前在 3ds Max 中应用最广泛的材质，它可以模拟超级真实的反射和折射效果，因此深受广大 3ds Max 用户喜爱。本节重点介绍 VRayMtl 的知识点并结合案例进行讲解，如图 7-9 所示。

1. 漫反射

漫反射：材质的固有颜色。

粗糙度：控制材质的粗糙程度，数值越大，粗糙效果越明显。

2. 反射

反射：一个反射倍增器（通过颜色来控制反射）。黑色为不反射，白色为完全反射。

高光光泽：控制材质的高光大小。

反射光泽：调节反射模糊的效果，数值越小越模糊。

菲涅耳反射：勾选该复选框，反射将具有真实世界中的玻璃反射效果。

菲涅耳折射率：在菲涅耳反射中，调节菲涅耳现象的强弱衰减率。

使用插值：勾选该复选框，VRay 能够使用一种类似发光贴图的缓存方式来加速模糊折射的计算。

退出颜色：当光线在场景中反射次数达到定义的最大深度值以后，就会停止反射，此时该颜色将被返回，更不会继续追踪远处的光线。

暗淡距离：用来控制暗淡距离。

暗淡衰减：用来控制暗淡衰减的程度。

影响通道：用来控制是否影响通道。

细分：控制光线的数量，做出有光泽的反射估算。数值越大效果越真实，但是渲染速度会降低。

最大深度：用来控制反射的最多次数。数值越大效果越真实，但是渲染速度会降低。

3. 折射

折射：一个折射倍增器（通过颜色来控制折射）。黑色为不折射，白色为完全折射。

光泽度：控制折射的模糊效果，数值越小越模糊。

折射率：物体的折射率。

影响通道：用来控制是否影响通道。

细分：控制折射的细分程度。数值越大效果越真实，但是渲染速度会降低。

最大深度：用来控制折射的最多次数。数值越大效果越真实，但是渲染速度会降低。

退出颜色：用来控制折射退出的颜色。

影响阴影：用来控制透明物体产生的阴影。

使用插值：勾选该复选框，VRay 能够使用类似发光贴图的缓存方式来加快光泽度的计算速度。

烟雾颜色：用来控制折射物体的颜色。

烟雾倍增：用来控制烟雾的浓度，数值越大烟雾越浓，光线穿透物体的能力越差。

烟雾偏移：用来控制烟雾的偏移，较小的值会使烟雾向摄影机方向偏移。

图 7-9

4. 半透明

半透明：有三种类型，分别是硬模型、软模型和混合模型。
散布系统：物体内部的散射总量。
背面颜色：用来控制半透明效果的颜色。
厚度：用来控制光线在物体内部被追踪的深度，可以理解为光线的最大穿透力。
灯光倍增：设置光线的穿透能力的倍增器，值越大散色效果越强。

5. 自发光

自发光：用于控制发光的颜色。
全局照明：用于控制是否开启全局照明。
倍增：用于控制自发光的强度。

7.3 综合案例

案例实战

客厅空间场景材质设置

作品完成效果（图 7-10）：

图 7-10

本案例对客厅空间场景材质设置进行演示，包括对地砖材质、墙面乳胶漆材质、鞋柜木纹材质、电视背景墙材质的设置等进行演示，具体操作如下。

▶ 地砖铺贴练习

（1）打开模型，为方便观察，把场景中的灯光（快捷键"Shift+L"）和摄影机（快捷键"Shift+C"）隐藏起来，如图 7-11 所示。

（2）打开材质编辑器（快捷键 M），创建名为"地砖"的 VRayMtl，反射颜色值调至红：17、绿：17、蓝：17，亮度调为 17，如图 7-12 所示。

（3）单击"漫反射"后面的"设置"按钮，如图 7-13 所示。为漫反射通道添加位图贴图，如图 7-14 所示。

（4）单击贴图文件，进入 Bitmap 设置对话框，如图 7-15 和图 7-16 所示。

（5）单击"Bitmap"按钮，打开"材质/贴图浏览器"对话框，双击"平铺"按钮，勾选"将旧贴图保存为子贴图"单选按钮，如图 7-17 和图 7-18 所示。

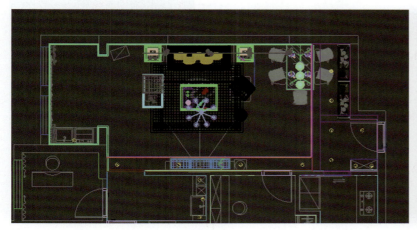

图 7-11

图 7-12

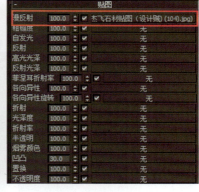

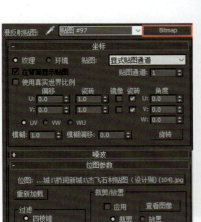

图 7-13　　　　　　　　　　　图 7-14　　　　　　　　　　　图 7-15

图 7-16　　　　　　　　　　　图 7-17　　　　　　　　　　　图 7-18

知识链接：

平铺贴图是使用颜色或材质贴图创建砖或者其他平铺材质。通常包括已定义的建筑砖图案，也可以自定义图案，如图 7-19 所示。

预设类型：列出定义的建筑瓷砖砌合、图案、自定义图案，用户可以通过选择"高级控制"和"堆垛布局"卷展栏中的选项进行设定。

显示纹理样例：用于更新并显示贴图指定给瓷砖或砖缝的纹理。

平铺设置：控制平铺的参数。

纹理：控制瓷砖的当前纹理贴图的显示。

水平数 / 垂直数：控制行 / 列的瓷砖数。

颜色变化：控制瓷砖的颜色变化。

淡出变化：控制瓷砖的淡出变化。

砖缝设置：控制瓷砖砖缝的参数。

纹理：控制砖缝的纹理贴图显示。

水平间距 / 垂直间距：控制瓷砖间水平 / 垂直的砖缝大小。

粗糙度：控制砖缝边缘的粗糙程度。

图 7-19

（6）在"平铺设置"选项组中，设置参数如图 7-20 和图 7-21 所示。

（7）赋予地面"地砖"材质，如图 7-22 所示。

图 7-20

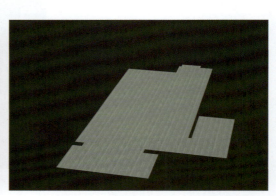

图 7-21　　　　　　　图 7-22

➤ 墙面乳胶漆材质练习

（1）打开场景，选取墙面模型，单击鼠标右键，选择"隐藏未选定对象"命令，如图 7-23 ~ 图 7-25 所示。

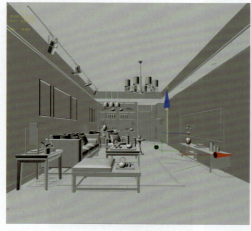

图 7-23

图 7-24

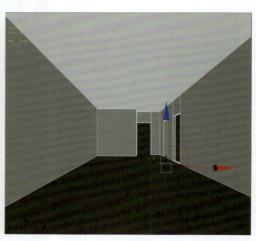

图 7-25

(2)打开材质编辑器,创建名为"白漆"的材质,参数设置如图 7-26 ~ 图 7-28 所示。
(3)为墙面赋予"白漆"材质,并显示材质,如图 7-29 所示。
(4)进入摄影机视图(快捷键 C),选择"Camera01"选项,如图 7-30 所示。
(5)对客厅空间墙面进行乳胶漆材质设置,如图 7-31 所示。

图 7-26

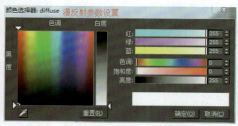

图 7-27

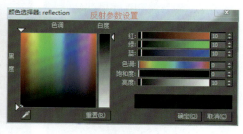

图 7-28

图 7-29

图 7-30

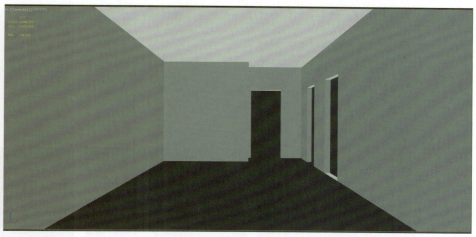

图 7-31

▶ 鞋柜木纹材质练习

(1)打开场景,选择鞋柜模型,单击鼠标右键,选择"隐藏未选定对象"命令,如图 7-32 和图 7-33 所示。

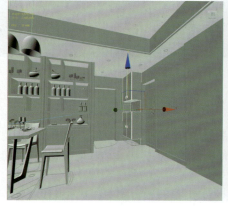

图 7-32

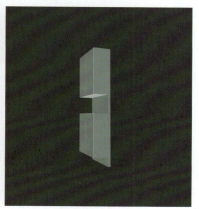

图 7-33

（2）打开材质编辑器，创建名为"木质"的VRayMtl，参数设置如图7-34所示。
（3）打开"贴图"卷展栏，把贴图"木纹贴图（189）"拖入"漫反射"和"凹凸"通道中，如图7-35所示。
（4）单击"反射"按钮，在弹出的"材质/贴图浏览器"对话框中双击"渐变"按钮，在弹出的对话框中选择衰减类型为"Fresnel"，如图7-36～图7-38所示。
（5）给鞋柜赋予木纹材质，效果如图7-39所示。
（6）依次为场景中的大门、厨房门及门框、踢脚线赋予木纹材质，效果如图7-40所示。

图 7-34

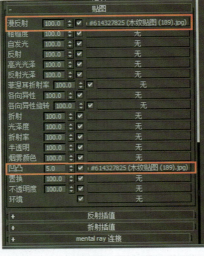
图 7-35

图 7-36

图 7-37

图 7-38

图 7-39

图 7-40

> 电视背景墙材质练习

场景中的电视背景墙由三种材质组成，分别是木纹材质、镜面不锈钢材质和灰色金属材质，如图7-41所示。

（1）依次选取卧室门和电视背景墙模型，为卧室门和电视背景墙模型赋予之前用于鞋柜的木纹材质，如图7-42所示。

（2）选取电视背景墙模型中的金属框架模型，赋予镜面不锈钢材质，如图7-43所示。参数设置如图7-44～图7-46所示。

图 7-41

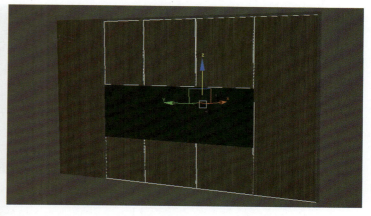

图 7-42

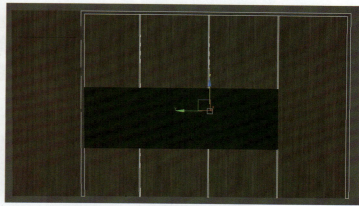

图 7-43

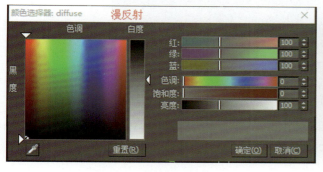

图 7-44

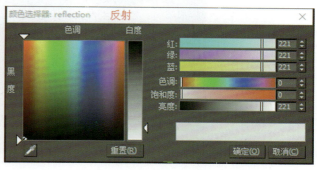

图 7-45

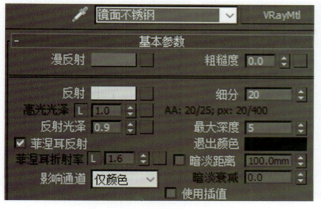

图 7-46

（3）选取电视背景墙模型中的灰色金属材质模型，如图 7-47 所示。

（4）孤立所选择的灰色金属材质模型，赋予其灰色金属材质，如图 7-48 所示。参数设置如图 7-49~图 7-51 所示。

（5）最终贴图完成效果如图 7-52 所示。

图 7-47

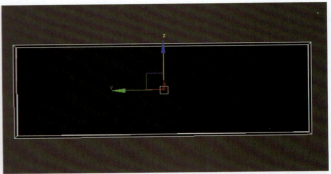

图 7-48

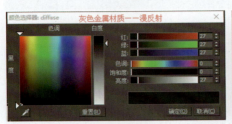

图 7-49　　　　　图 7-50　　　　　图 7-51

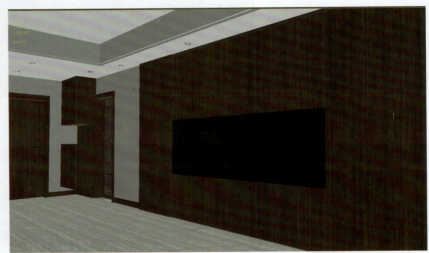

图 7-52

➢ 酒柜材质练习

（1）选取场景中的酒柜模型，将酒柜中的饰件隐藏起来，如图 7-53 所示。

（2）酒柜模型由两种不同的木纹材质组成的，分别是上部分柜体浅色木纹和下半部分柜体深色木纹，此外，柜体缝隙以黑色色漆材质勾填。下面依次赋予酒柜材质。

（3）如图 7-54 所示，依次选取酒柜上部分空间。

图 7-53

图 7-54

（4）打开材质编辑器，创建名为"酒柜浅色木纹"的 VRayMtl，参数设置如图 7-55 所示。

（5）单击"漫反射"后的"设置"按钮，在标准材质编辑器中单击"颜色修正"按钮，如图 7-56 所示。

（6）在"颜色修正"通道中，添加"红樱桃木饰面 -1"贴图，如图 7-57 所示，效果如图 7-58 所示。

（7）如图 7-59 所示，依次选取酒柜下半部分空间及立柱。

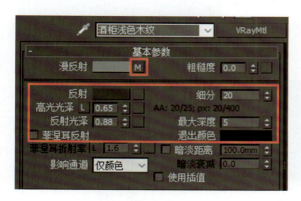

图 7-55

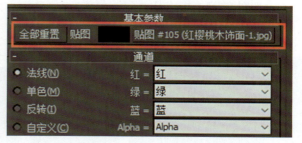

图 7-57

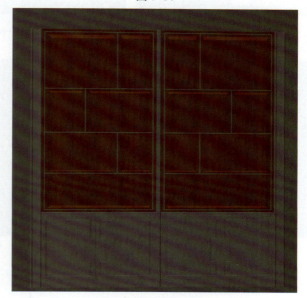

图 7-58

图 7-56

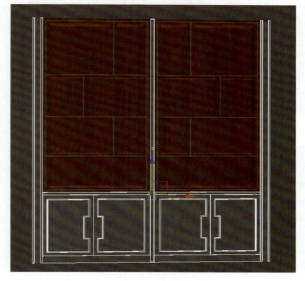

图 7-59

（8）打开材质编辑器，创建名为"酒柜深色木纹"的 VRayMtl，参数设置如图 7-60～图 7-62 所示。效果如图 7-63 所示。

（9）选取酒柜柜体缝隙模型，如图 7-64 所示。

（10）打开材质编辑器，创建名为"酒柜黑漆"的 VRayMtl，参数设置如图 7-65～图 7-67 所示。效果如图 7-68 所示。

图 7-60

图 7-61

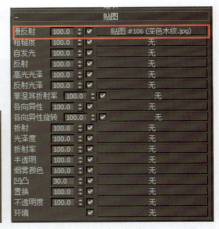
图 7-62

图 7-63

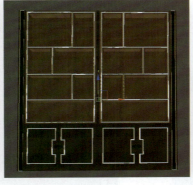
图 7-64

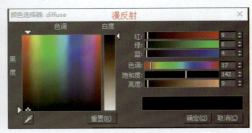
图 7-65

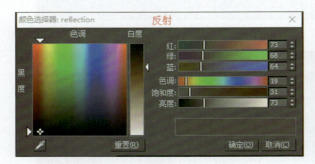
图 7-66

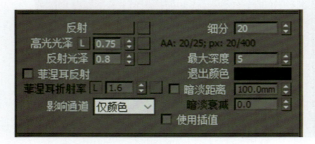
图 7-67

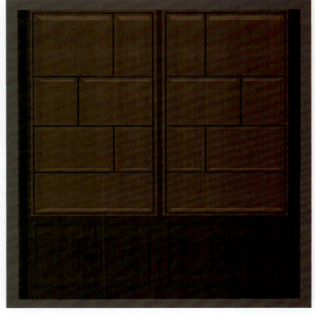
图 7-68

➢ 餐桌椅材质练习

（1）选取场景中的餐桌椅模型，解组后，将餐桌上的酒杯、盘子等装饰物品隐藏起来，如图 7-69 所示。

（2）选取模型中的桌子，给桌子赋予木纹材质，如图 7-70 所示。

（3）选取模型中的椅子，给椅子腿部赋予木纹材质，如图 7-71 所示。

（4）选取模型中的椅子坐垫及靠背部分，给椅子坐垫及靠背部分赋予亚麻布材质。打开材质编辑器，创建名为"亚麻布"的 VRayMtl，参数设置如图 7-72 ~ 图 7-74 所示。

（5）最终效果如图 7-75 所示。

图 7-69

图 7-70

图 7-71

图 7-72

图 7-73

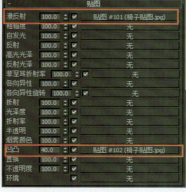

图 7-74

图 7-75

➢ 沙发、茶几及地毯材质练习

（1）选取场景中的沙发、茶几及地毯模型，解组后，将茶几上的灯、小摆件等装饰物品隐藏起来，如图 7-76 所示。

（2）为沙发、茶几及地毯模型赋予木质材质贴图，如图 7-77 所示。

（3）打开材质编辑器，创建名为"深色布艺"的 VRayMtl，为模型中的单人沙发赋予"深色布艺"材质贴图，参数如图 7-78 ~ 图 7-81 所示。

（4）设置"深色布艺"材质贴图的凹凸贴图，如图 7-82 和图 7-83 所示。

（5）设置"深色布艺"材质贴图后的效果如图 7-84 所示。

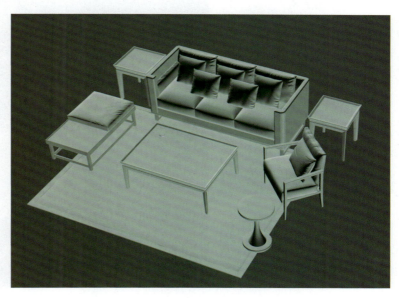

图 7-76

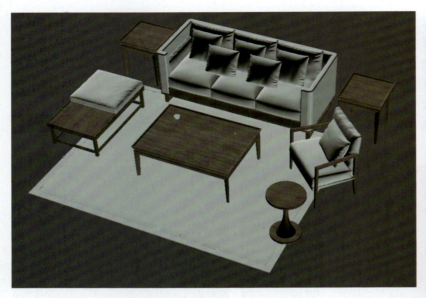

图 7-77

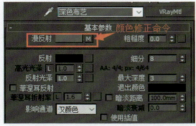

图 7-78

图 7-79

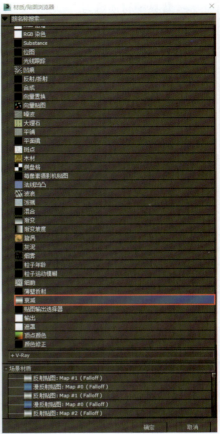

图 7-80

图 7-81

图 7-82

图 7-83

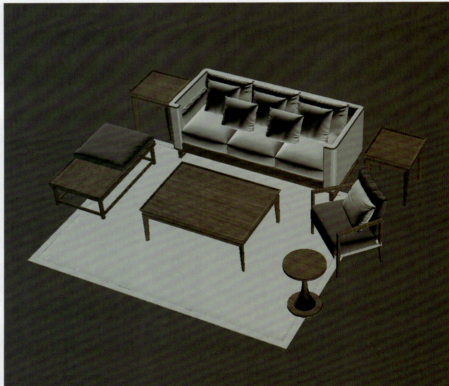

图 7-84

（6）打开材质编辑器，创建名为"丝绸"的 VRayMtl，为模型中三人沙发的抱枕赋予"丝绸"材质贴图，如图 7-85 ~ 图 7-87 所示。参数设置如图 7-88 ~ 图 7-91 所示。

（7）赋予材质后的效果如图 7-92 所示。

图 7-85

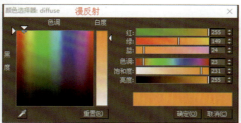
图 7-86

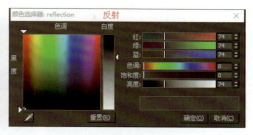
图 7-87

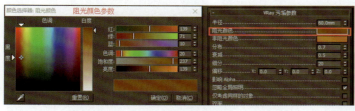
图 7-88

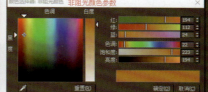

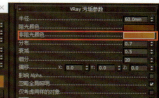
图 7-89

图 7-90

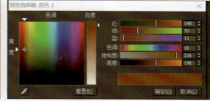

图 7-91

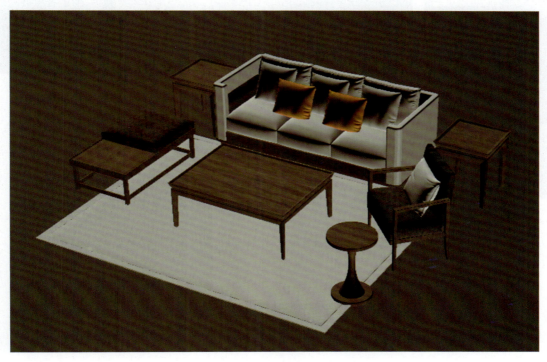
图 7-92

(8)打开材质编辑器,创建名为"三人沙发布艺"的VRayMtl,为模型中三人沙发的抱枕赋予"三人沙发布艺"材质贴图。如图7-93~图7-96所示。

(9)把"136g-副本(2)"文件拖入位图通道中,如图7-97所示。

(10)为三人沙发坐垫、靠背赋予"三人沙发布艺"材质。使用同样的方法,为沙发上的其余靠枕赋予"三人沙发布艺"材质,效果如图7-98所示。

(11)选取地毯中间部分,打开材质编辑器,创建名为"地毯"的VRayMtl,如图7-99所示。

(12)把"地毯"图片拖入位图通道中,如图7-100所示。

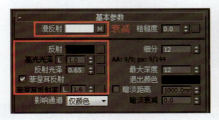
图 7-93

图 7-94

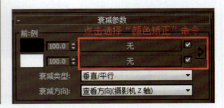
图 7-95

图 7-96

图 7-97

图 7-98

图 7-99　　　　图 7-100

(13)贴图后的效果如图 7-101 所示。

(14)选取地毯边缘部分,打开材质编辑器,创建名为"地毯边缘"的 VRay 材质,如图 7-102 和图 7-103 所示。

(15)插入"地毯边缘"图片,如图 7-104 所示。

(16)赋予材质后的效果如图 7-105 所示。

(17)为沙发、茶几及地毯赋予材质后的最终效果如图 7-106 所示。

图 7-101

图 7-102

图 7-103

图 7-104   图 7-105

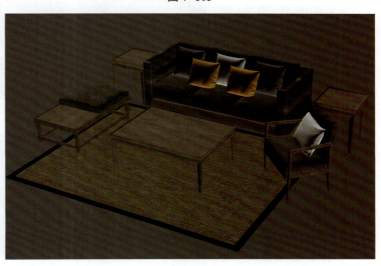

图 7-106

➤ 灯具材质练习

在客厅空间场景中，设置有客厅吊灯、有轨射灯和餐厅灯三种灯具，下面对三种灯具的材质设置逐一介绍。

1. 客厅吊灯

可以看到，客厅吊灯由吊杆（金属）和灯罩（半透明布艺）两个部分组成，分别对应两种材质，即金属材质和半透明布艺材质。

（1）选择客厅吊灯模型，选取吊杆部分，打开材质编辑器，创建名为"吊灯金属"的VRayMtl，参数设置如图7-107和图7-108所示。

（2）选择客厅吊灯模型，选取灯罩部分，打开材质编辑器，创建名为"吊灯灯罩"的VR-覆盖材质，在"基本材质"通道中添加VRayMtl，在"全局照明（GI）材质"通道中添加VR-灯光材质，参数设置如图7-109～图7-113所示。

（3）依次对吊灯模型进行贴图，得到吊灯模型材质，如图7-114所示。

2. 有轨射灯

可以看到，有轨射灯模型分为银色（银色金属）部分、黑色（黑色塑料）部分和灯泡三个部分，分别对应三种材质（银色金属材质、黑色塑料材质和发光材质）。

（1）选择有轨射灯模型，选取银色部分，打开材质编辑器，创建名为"银色金属"的VRayMtl，参数设置如图7-115和图7-116所示。

（2）选择有轨射灯模型，选取黑色部分，打开材质编辑器，创建名为"黑色塑料"的VRayMtl，参数设置如图7-117和图7-118所示。

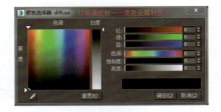

图 7-107

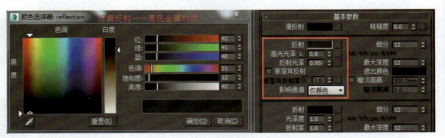

图 7-108

图 7-109

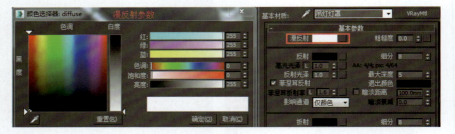

图 7-110

图 7-111

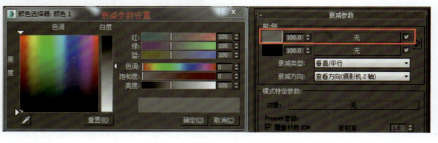

图 7-112

图 7-113　　　　　　　　　　　　图 7-114

图 7-115

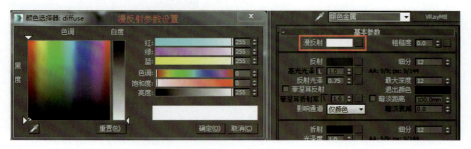

图 7-116

图 7-117

图 7-118

（3）选择有轨射灯模型，选取灯泡部分，打开材质编辑器，创建名为"射灯灯泡"的VR-灯光材质，参数设置如图7-119所示。

（4）贴完材质的效果如图7-120所示。

3. 餐厅灯

可以看到，餐厅灯模型分为白色灯（白色金属）和黑色灯（黑色金属）两个部分。

（1）餐厅灯参数设置如图7-121和图7-122所示。

（2）位图选择材质库里的"餐厅灯金属反射"图片，如图7-123所示。

（3）可以根据黑色金属材质设置，通过修改漫反射参数，调出白色金属材质。最终效果如图7-124所示。

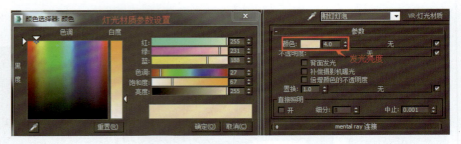

图 7-119

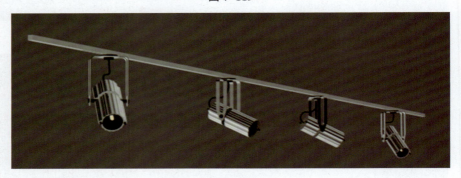

图 7-120

图 7-121

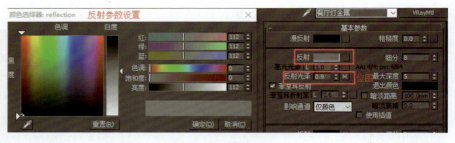

图 7-122

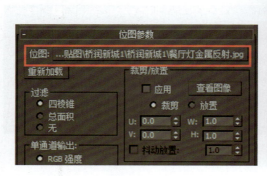

图 7-123

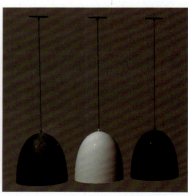

图 7-124

装饰品材质练习

客厅空间场景中，有酒瓶、盘子、花瓶、挂画以及书等装饰品，下面对这些装饰品的材质设置逐一介绍。

1. 酒瓶材质

（1）酒瓶是餐厅空间中常见的一种装饰品，酒瓶通常由瓶盖、瓶身和标签三部分组成。具体参数设置如图 7-125 ~ 图 7-130 所示。

（2）在材质库中找到酒瓶标签图片，拖入位图通道中，如图 7-131 所示。

（3）贴上材质后，酒柜中红酒瓶样式如图 7-132 所示。

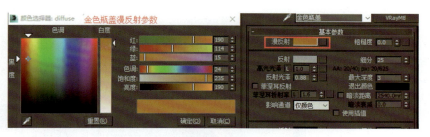

图 7-125

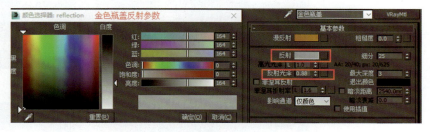

图 7-126

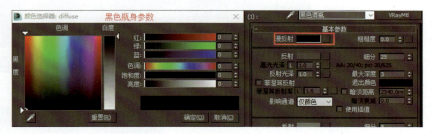

图 7-127

图 7-128

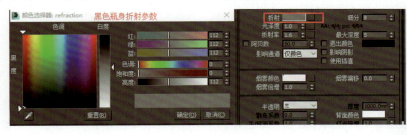

图 7-129

图 7-130

图 7-131

图 7-132

2. 盘子材质

盘子是餐桌上常见的一种装饰品，其特点是明亮、有光泽，具体参数设置如图7-133~图7-135所示。

可以根据白色陶瓷的材质设置，通过修改漫反射参数，调出蓝色材质，并为餐桌上的盘子赋予材质，最终效果如图7-136所示。

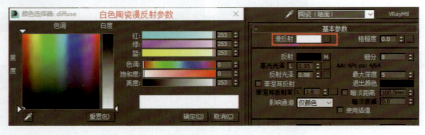

图 7-133

图 7-134

图 7-135

图 7-136

3. 花瓶材质

花瓶是家居生活中常见的一种装饰品，广泛出现在茶几、边几等家具上，用来装饰家具。花瓶一般分为三个部分，即瓶子（陶瓷、玻璃等）、花瓣（红色、绿色等）、花枝（深咖啡色等）。下面以一个简单的花瓶材质设置为例进行介绍。

（1）选择花瓶模型，打开材质编辑器，创建名为"花瓶陶瓷"的VRayMtl，参数设置如图7-137所示。

（2）进入"位图参数"卷展栏，添加"花瓶贴图"图片，使用"裁剪/放置"选项组使贴图与花瓶贴合完整，如图7-138和图7-139所示。

（3）花瓶最终贴图后，如图7-140所示。

（4）选择花枝模型，打开材质编辑器，创建名为"花枝"的VRayMtl，参数设置如图7-141所示。

（5）选择花瓣模型，打开材质编辑器，创建名为"花瓣"的VRayMtl，参数设置如图7-142所示。

项目 7　材质与贴图　123

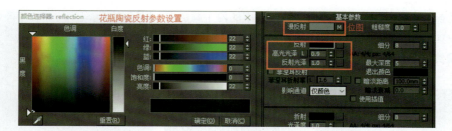

图 7-137

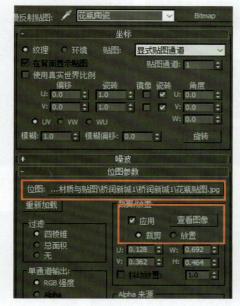

图 7-138

图 7-139

图 7-140

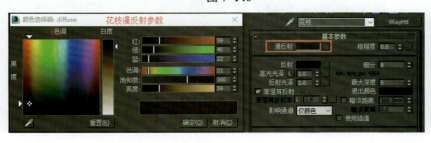

图 7-141　　　　　　　　　　　　　　　　图 7-142

（6）"衰减参数"卷展栏中"前：侧"选项组中的两个颜色块参数设置如图 7-143 和图 7-144 所示。

（7）花瓶最终效果如图 7-145 所示。

图 7-143

图 7-144

图 7-145

4. 挂画材质

挂画是家居生活中常见的一种装饰品，一般位于客厅、餐厅的墙面上。挂画的组成很简单，一是画面贴图，二是画框（木纹、金属等）。下面以一组三幅组合挂画为例进行介绍。

（1）选择画框中的画面，打开材质编辑器，创建名为"客厅画 01"的 VRayMtl，参数设置如图 7-146 所示。

（2）在"位图参数"卷展栏中，添加"客厅墙面挂画"贴图，如图 7-147 所示。

（3）单击"查看图像"按钮，选取要贴的画，赋予材质，如图 7-148 所示。

（4）使用同样的方法，为三幅画依次赋予材质，效果如图 7-149 所示。

图 7-146

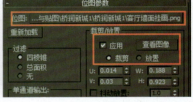

图 7-147

图 7-148

图 7-149

5. 书材质

书是柜子及桌面上常见的一种装饰品，它使空间表现变得丰富，可使用"多维/子对象"选项进行设置。选择电视柜模型上面的书模型，可以看到书模型是采用"可编辑多边形"方式建模的，在给这种模型进行贴图的时候需要用到"多维/子对象"选项进行材质贴图。

首先对书的各个面进行 ID 修改，如图 7-150 ~ 图 7-155 所示。

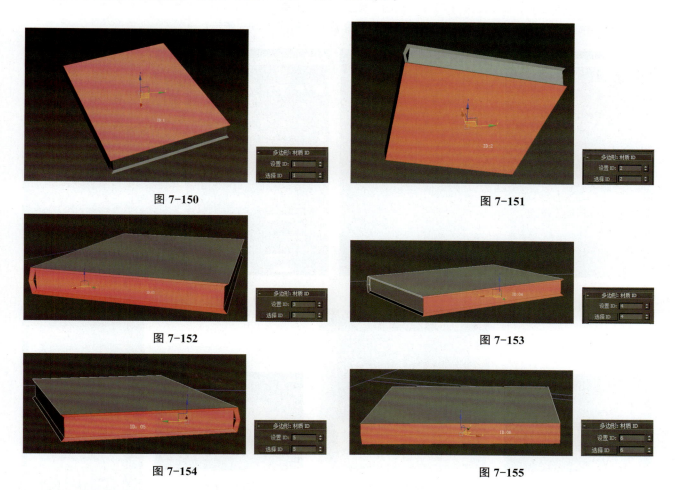

图 7-150　　　　　　　　　　图 7-151

图 7-152　　　　　　　　　　图 7-153

图 7-154　　　　　　　　　　图 7-155

将书模型分为 6 个 ID，下面使用"多维/子对象"选项对书模型进行贴图，操作如下：

（1）打开材质编辑器，创建名为"书籍"的多维/子对象材质球，如图 7-156 所示。

（2）把多维/子对象的 ID 材质数量改成 6 个，如图 7-157 所示。

图 7-156

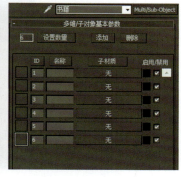

图 7-157

（3）对 ID1 材质进行贴图，选择"VRayMtl"选项，如图 7-158 所示。

（4）在 VRayMtl"基本参数"卷展栏中，在"漫反射"通道中添加位图，如图 7-159 所示。

（5）在"位图"通道中进行图像编辑，选取合适的贴图作书籍封面，如图 7-160 ~ 图 7-162 所示。

（6）依次按照上述步骤完成 ID2~ID6 材质球的设置，如图 7-163 所示。

（7）多维/子对象材质球设置完毕后，可以看到书模型上已有贴图，但这并不是在"位图"通道中设置的，所以需要在模型中分别对 6 个面执行"UVW 贴图"命令，操作步骤如下：

①选取书籍封面后，执行"UVW 贴图"命令，如图 7-164 和图 7-165 所示。

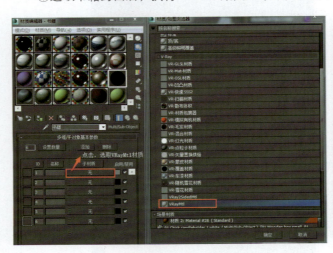

图 7-158

图 7-159

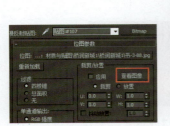

图 7-160

图 7-161

图 7-162

图 7-163

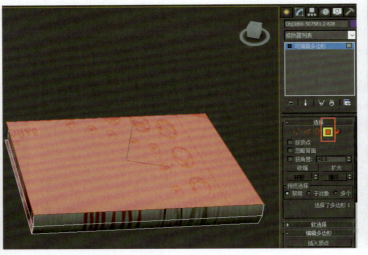

图 7-164

图 7-165

②在 UVW 贴图"参数"卷展栏里，把贴图方向调整为"长方体"，贴完后效果如图 7-166 和图 7-167 所示。
③在视图中旋转贴图方向，并适当调节贴图的长度和宽度，如图 7-168 和图 7-169 所示。
④调整后，书籍封面如图 7-170 所示。
⑤依次为书模型中的各个面执行"UVW 贴图"命令，最终效果如图 7-171 所示。

图 7-166　　　　　　　　　　图 7-167

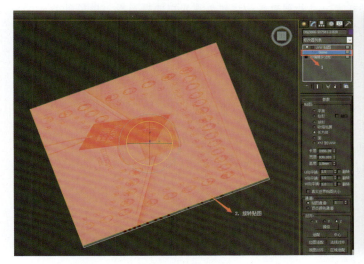

图 7-168　　　　　　　　　　图 7-169

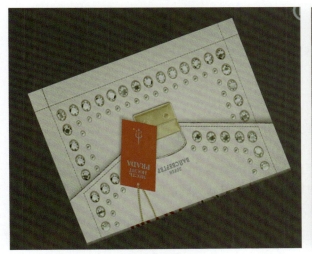

图 7-170　　　　　　　　　　图 7-171

项目 8 摄影机的创建与编辑

PROJECT EIGHT

项目导学

3ds Max 中的摄影机技术与现实中的摄影机技术大同小异，但它比现实中的摄影机功能更强大，且处理效果远远超越现实中的摄影机。摄影机是 3D 建模的重要组成部分。本项目为用户讲解摄影机技术，它是用户必须掌握的基本知识。

学习要点

（1）常用摄影机设置；
（2）目标摄影机；
（3）物理摄影机。

8.1 概述

在学习 3ds Max 的具体类型和参数之前，首先需要了解摄影机的相关理论。摄影机是通过光学成像原理形成影像并使用底片记录影像的设备，其主要作用是记录画面。

1. 摄影机参数

现实世界中的摄影机是使用镜头将环境反射的灯光聚焦到具有灯光敏感性曲面的焦点平面。3ds Max 2014 中摄影机的相关参数主要包括焦距和视野。

（1）焦距是指镜头和灯光敏感性曲面的焦点平面间的距离。焦距影响成像对象在图片上的清晰度。

（2）视野控制摄影机可见场景的数量，以水平线度数进行测量。视野与镜头的焦距直接相关，例如 35mm 的镜头显示水平线约为 54 度，焦距越大视野越窄，焦距越小视野越宽。

2. 构图原理

无论在摄影还是在设计的创作中构图都是很重要的。构图的合理与否直接影响整个作品的冲击力、情感表达。

（1）聚焦构图：指多个物体聚焦在一点的构图方式，会产生刺激、冲击的画面效果。

（2）对称构图：最常见的构图方式，是指画面的上、下对称或左、右对称，会产生较为平衡的画面效果。

（3）三角形构图：指以三个视觉中心为景物的主要位置，形成一个稳定的三角形，会产生安定、均衡、不失灵活的效果。

（4）对角线构图：水平线构图给人静态的、平静的感觉，而倾斜的对角线构图给人一种戏剧的感觉，具有运动或不确定性。

在场景中，创建摄影机，需要单击"创建"→"摄影机"按钮，选择"标准"选项，然后选择相应的对象类型单击，在视图中单击鼠标并拖曳。"摄影机"创建面板如图 8-1 所示。

例如，按以上方法，可以在视图中创建一个标准目标摄影机，进入"修改"面板可更改其参数，如图 8-2 所示。

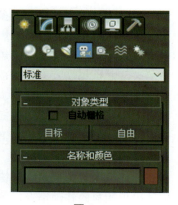

图 8-1

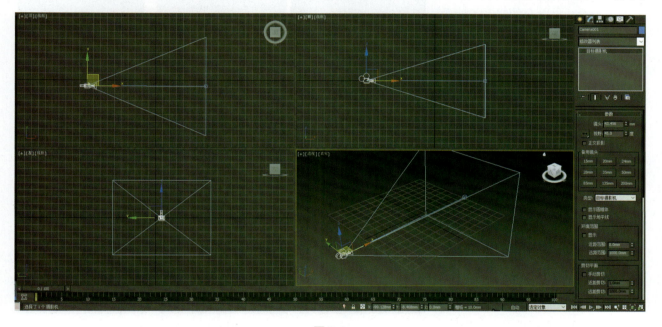

图 8-2

8.2　常用摄影机设置

摄影机可以从特定的观察点来表现场景，模拟现实世界中的静止图像、运动图像或视频，并能够制作某些特殊的效果，如景深和运动模糊等。3ds Max 2014 共提供了 4 种摄影机类型，包括目标摄影机、自由摄影机、VR-物理摄影机和 VR-穹顶摄影机。本节主要介绍摄影机的相关基本知识与实际应用操作。

1. 目标摄影机

目标摄影机用于观察目标点附近的场景内容，包括摄影机、目标两部分，可以很容易地单独进行控制调整，并分别设置动画。

（1）常用参数：主要包括镜头的选择、视野的设置、环境范围和裁剪范围的控制等多个参数，图 8-3 所示为摄影机对象与相应的参数面板。

（2）景深参数：景深是多重过滤效果，通过模糊到摄影机焦点某距离处的帧的区域，使图像焦点之外的区域产生模糊效果。图8-4所示为摄影机景深参数面板。

（3）运动模糊参数：运动模糊可以通过模拟实际摄影机的工作方式，增强渲染动画的真实感。摄影机有快门速度，如果在打开快门时物体出现明显的移动情况，胶片上的图像将变模糊。

2. 自由摄影机

自由摄影机在摄影机指向的方向查看区域，与目标摄影机非常相似，不同的是自由摄影机比目标摄影机少了一个目标点，自由摄影机由单个图标表示，可以更轻松地设置摄影机动画。其参数设置面板如图8-5所示。

3. VR-物理摄影机

VR-物理摄影机能模拟真实成像，和3ds Max自带的摄影机相比，它能更轻松地调节透视关系。普通摄影机不带任何属性，如白平衡、曝光值等，而VR-物理摄影机具有这些功能，简单地讲，如果发现灯光不够亮，直接修改VR-物理摄影机的部分参数就能提高画面质量，而无须重新修改灯光的亮度。其参数设置面板如图8-6所示。

类型：VR-物理摄影机内置了三种摄影机，用户可以通过该选项选择合适的摄影机类型。

目标：选中该复选框，摄影机的目标点将放在焦点平面上。

胶片规格：控制摄影机所看到的场景范围。

焦距：控制摄影机的焦长。

视野：勾选该复选框后可以固定视域。

缩放因子：控制摄影机视图的

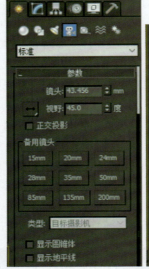 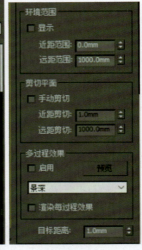 

图8-3   图8-4

图8-5

图8-6

缩放：值越大，摄影机视图拉得越近。

水平移动：矫正摄影机的水平变形。

垂直移动：矫正摄影机的垂直变形。

光圈数：摄影机的光圈大小可以控制渲染图的最终亮度。值越小图越亮，值越大图越暗，同时和景深有关系，大光圈景深小，小光圈景深大。

目标距离：控制摄影机到目标点的距离。默认情况下是关闭的，当摄影机的目标点去掉时，可以用目标距离来控制目标点的距离。

垂直倾斜：控制摄影机在垂直方向上的变形，主要用于纠正三点透视到两点透视的效果。

水平倾斜：控制摄影机在水平方向上的变形，主要用于纠正三点透视到两点透视的效果。

白平衡：和真实摄影机的功能一样，控制图像的色偏。

快门速度：控制进光时间。值越小，进光时间越长，图越亮；反之，进光时间越短，图越暗。

胶片速度(ISO)：控制图像的明暗。值越大，表示感光系数越大，渲染出的图像就越亮。

叶片数：控制背景产生的小圆圈的边，默认值为 5。如果取消勾选该复选框，那么背景就是圆形的。

旋转（度）：背景小圆圈的旋转角度。

中心偏移：背景偏移原物体的距离。

各向异性：控制背景的各向异性。值越大，背景的小圆圈越扁，会变成椭圆。

景深：控制是否产生景深。如果想得到景深效果，需要勾选该复选框。

运动模糊：控制是否产生动态模糊效果。

细分：控制景深和动态模糊的采样细分，值越大，运动模糊的图像品质越高，渲染越慢。

当使用了 VR- 物理摄影机里面的景深和运动模糊时，渲染面板的景深和运动模糊将失去作用。

4.VR- 穹顶摄影机

VR- 穹顶摄影机通常被用于渲染半球圆顶效果，其参数设置面板如图 8-7 所示。

图 8-7

案例实战

用目标摄影机制作场景

作品完成效果（图 8-8）：

用目标摄影机制作场景

图 8-8

制作思路：

（1）创建目标摄影机。

（2）设置目标摄影机参数。

（3）添加"雾"效果。

制作步骤：

（1）启动 3ds Max 2014 中文版，执行"文件"→"打开"命令，打开附带网盘中的项目 8 源文件"度假村.max"。

（2）在顶视图中创建目标摄影机，单击"创建"→"摄影机"按钮，选择"标准"选项，单击"目标摄影机"按钮，在视图中单击鼠标并拖曳，创建摄影机，如图 8-9 所示。

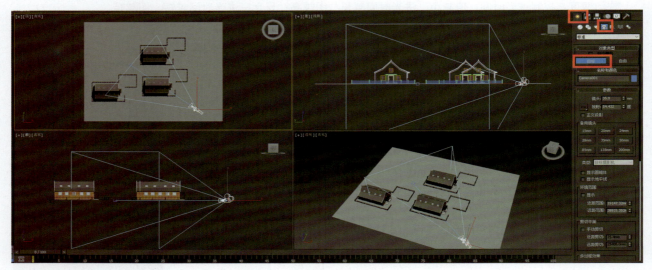

图 8-9

（3）在透视图中单击"透视"按钮，弹出对话框，单击"摄影机"按钮，透视图即转换成摄影机视图，如图 8-10 所示。

图 8-10

（4）单击鼠标右键，选择"最大化显示"命令，弹出"视口配置"对话框，进入"布局"选项卡，选择显示两个视口，并单击"确定"按钮，单击左视图中的"顶"按钮转换为摄影机视图。激活摄影机视图，单击鼠标右键，选择"最大化显示"命令后弹出"视口配置"对话框，选择"安全框"选项卡，勾选"在活动视图中显示安全框"复选框后单击"确定"按钮。激活右视图转换为左视图，单击摄影机的目标点，调整摄影机高度，如图8-11和图8-12所示。

图 8-11

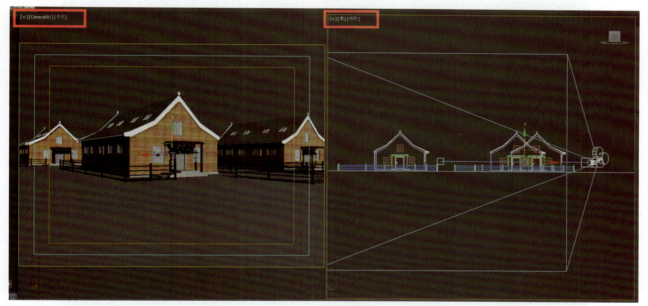

图 8-12

（5）在右视图中选择创建好的目标摄影机对象，然后进入"修改"面板，通过"参数"卷展栏中的"镜头"参数设置摄影机的焦距长度。图8-13~图8-15所示为设置不同"镜头"参数时，摄影机视图中所含的场景。

（6）"视野方向"按钮是扩展命令按钮，长按鼠标单击该按钮，会弹出其他扩展按钮，这些按钮用来控制视野角度值的显示方式，包

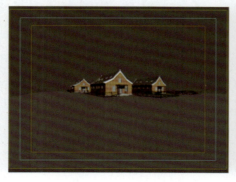

图 8-13

图 8-14　　　　　　　　　　　　　　　图 8-15

括水平、垂直和对角三种。通过调整"视野方向"按钮右侧的"视野"参数，可以设置摄影机的视角，以改变摄影机查看区域的大小。图 8-16 所示为"视野"参数为 50 度时，摄影机所观察到的场景效果。

（7）在勾选"正交投影"复选框后，摄影机视图看起来就像用户视图一样；取消勾选该复选框后，摄影机视图好像透视图一样，如图 8-17 和图 8-18 所示。

图 8-16

图 8-17

图 8-18

（8）在"备用镜头"选项组中，为用户提供了9种常用的镜头，通过单击相应按钮可以快速选择某个镜头。图8-19和图8-20所示分别为使用两种不同备用镜头的场景效果。

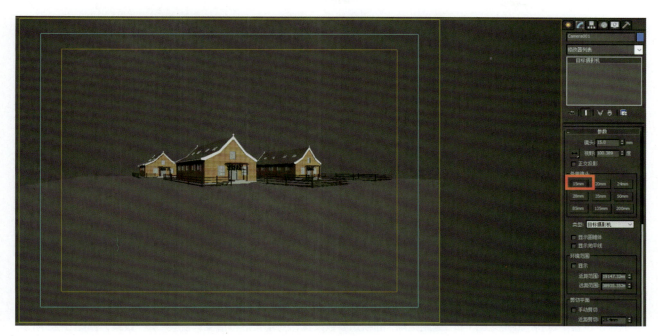

图 8-19

图 8-20

（9）在"类型"下拉列表中可选择摄影机的类型，用户可通过该下拉列表在目标摄影机和自由摄影机之间切换，而无须重新创建。

（10）勾选"显示圆锥体"复选框后，当摄影机没有被选择时，在视图中显示表示摄影范围的锥形框。除了摄影机视图外，锥形框能够显示在其他任何视图中。

（11）勾选"显示地平线"复选框后，可在摄影机视图中显示地平线的位置。激活摄影机视图，然后按F3键显示其线框，即可看到地平线在视图中的位置，如图8-21所示。

（12）在"环境范围"选项组中可设置环境大气的影响范围。用户需要在"环境和效果"对话框中为场景添加"雾"效果，如图 8-22 所示。

图 8-21

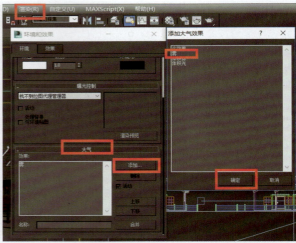

图 8-22

（13）添加"雾"效果后，在"环境范围"选项组中勾选"显示"复选框，可在视图中看到近距、远距范围框的显示位置。保持"近距范围"和"远距范围"的默认参数设置，对场景进行渲染，观察"雾"效果，如图 8-23 所示。

（14）更改"近距范围"和"远距范围"参数，扩大环境影响的近距离和远距离，再次对场景进行渲染，最终效果如图 8-8 所示。

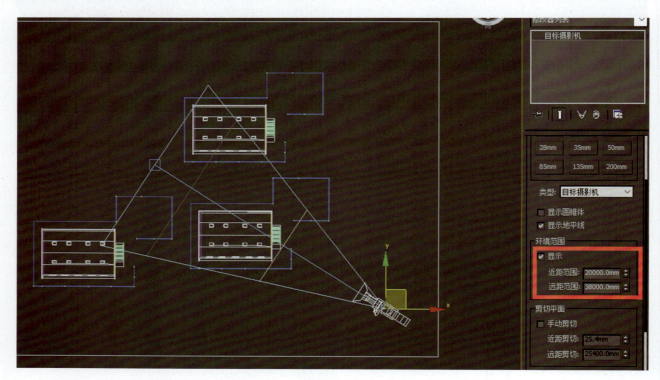

图 8-23

难度进阶：

在后期学完本门课程后，可对此模型进行后期处理，优化模型效果。

项目 8　摄影机的创建与编辑　137

案例实战

用物理摄影机制作场景

作品完成效果（图 8-24）：

图 8-24

制作思路：

（1）创建物理摄影机。
（2）设置物理摄影机参数。

用物理摄影机制作场景

制作步骤：

▶ 创建物理摄影机

（1）启动 3ds Max 2014 中文版，执行"文件"→"打开"命令，打开附带网盘中的项目 8 源文件"阳光屋.max"。

（2）在顶视图中创建目标摄影机，单击"创建"→"摄影机"按钮，选择"标准"选项，单击"物理摄影机"按钮，在视图中单击鼠标并拖曳，创建摄影机，如图 8-25 所示。

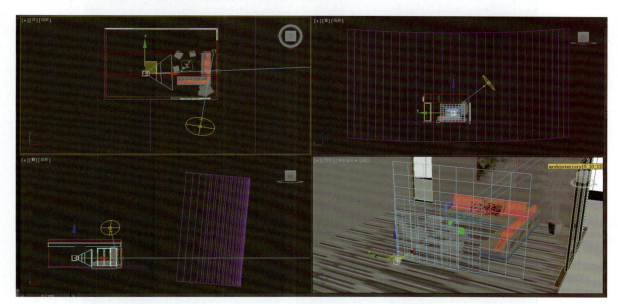

图 8-25

（3）在透视图中单击"透视"按钮，弹出对话框，单击"摄影机"按钮，透视图即转换成摄影机视图，如图 8-26 所示。

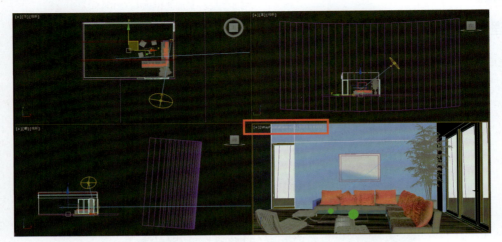

图 8-26

（4）单击鼠标右键，选择"最大化显示"命令，弹出"视口配置"对话框，进入"布局"选项卡，选择显示两个视口，并单击"确定"按钮。单击左视图中的"顶"按钮转换为摄影机视图，激活摄影机视图，单击鼠标右键，选择"最大化显示"命令后弹出"视口配置"对话框，选择"安全框"选项卡，勾选"在活动视图中显示安全框"复选框后单击"确定"按钮。激活右视图转换为左视图，单击摄影机的目标点，调整摄影机高度，如图 8-27 和图 8-28 所示。

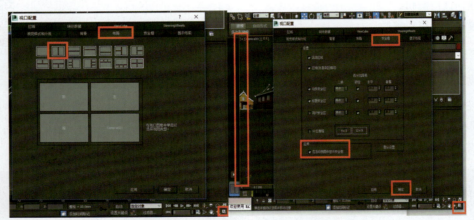

图 8-27

图 8-28

（5）在右视图中选择创建好的物理摄影机对象，然后进入"修改"面板。

（6）场景中的物理摄影机参数设置如图 8-29 所示。

（7）单击"渲染"按钮，可以得到图 8-30 所示的效果。

（8）调整光圈系数为 12，渲染，得到图 8-31 所示的效果。调整光圈系数为 6，继续渲染，得到图 8-32 所示的效果。

图 8-33 和图 8-34 所示分别为快门速度为 80 和 20 时的渲染效果。

图 8-35 和图 8-36 所示分别为胶片速度（ISO）为 40 和 300 时的渲染效果。

（9）最终效果如图 8-24 所示。

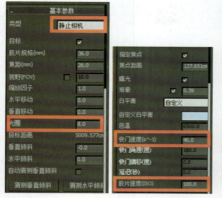

图 8-29

图 8-30

图 8-31

图 8-32

图 8-33

图 8-34

图 8-35

图 8-36

难度进阶:

在后期学完本门课程后,可对此模型进行后期处理,优化模型效果。

PROJECT NINE

项目 9 渲染设置

项目导学

制作室内效果图时，除了大胆的创意和精巧的制作外，渲染工作格外重要。正是因为有了渲染，才使场景中建筑、家具、电器等的肌理、颜色和空间感得以充分表现。在静态的效果图制作中，是由 VRay 渲染器将效果图的色调和材质的美感展现出来的。通过本项目的学习，可以了解并掌握常用草图渲染参数设置和最终渲染图参数设置。

学习要点

（1）草图渲染参数设置；
（2）最终渲染图参数设置。

9.1 草图渲染参数设置

草图渲染参数设置的步骤如下：

（1）启动 3ds Max 2014 中文版，单击主菜单栏上的"渲染设置"按钮或者按 F10 键打开"渲染设置"对话框，可见当前的渲染器是"默认扫描线渲染器"。在"公用"选项卡中打开"指定渲染器"卷展栏，单击渲染器指定通道按钮，然后选定"V-Ray Adv 3.60.03"渲染器，单击"确定"按钮，如图 9-1 所示。

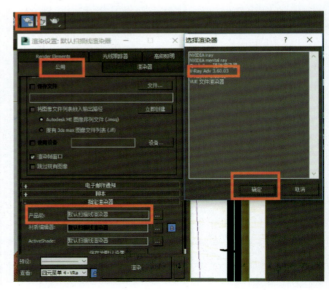

图 9-1

（2）为了节省渲染时间，要将渲染尺寸改小一点，在"公用"选项卡中把渲染尺寸改为640×480。取消勾选"渲染输出"选项组中的"渲染帧窗口"复选框，如图9-2所示。

（3）选择"V-Ray"选项卡，打开"全局开关"卷展栏，选择"专家模式"选项，可调的参数比较多，关闭默认灯光，渲染的默认灯光就不会起作用。打开"图像采样（抗锯齿）"卷展栏，选择"专家模式"选项。打开"图像过滤"卷展栏，取消勾选"图像过滤器"复选框，提高渲染速度。打开"颜色贴图"卷展栏，类型可选"指数"，并选择"专家模式"选项，如图9-3和图9-4所示。

（4）选择"GI"选项卡，分别设置"全局光照|黑桐切嗣"卷展栏中的首次引擎和二次引擎的搭配方式为"发光贴图"和"灯光缓存"，这种搭配方式渲染出来的图更真实一些。在"发光贴图"卷展栏中设置当前预测为"非常低"，并选择"专家模式"选项，在"灯光缓存"卷展栏中修改细分值为300，并选择"专家模式"选项，如图9-5所示。

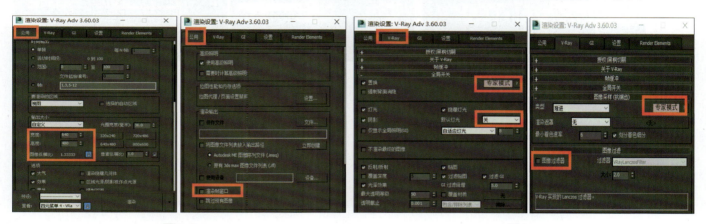

图9-2　　　　　　　　　　　　　　　　　图9-3

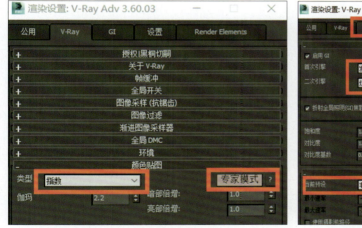

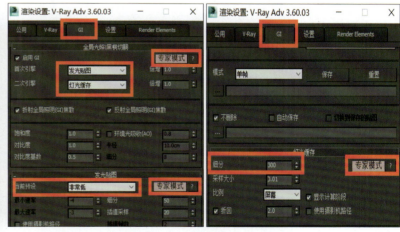

图9-4　　　　　　　　　　　　　　　　　图9-5

9.2　最终渲染图参数设置

最终渲染图参数设置的步骤如下：

（1）在"公用"选项卡中把渲染尺寸改为1 500×1 125，如图9-6所示。

（2）选择"GI"选项卡，打开"发光贴图"卷展栏，设置当前预测为"高"，并选择"专家模式"选项，在"灯光缓存"卷展栏中修改细分值为1 200，并选择"专家模式"选项，如图9-7所示。

144　● 3ds Max 基础与实例教程

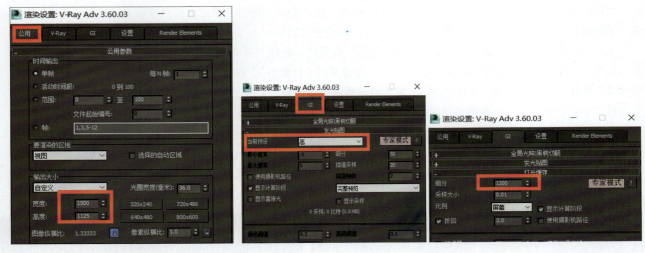

图 9-6　　　　　　　　　　　　　　图 9-7

PROJECT TEN

项目 10 场景动画效果及全景效果图的制作

项目导学

制作室内效果图时，要想在场景局部及细节处模拟人物进入场景的情景，更全面地展示模型及场景，通常需要通过对场景进行漫游制作、场景动画效果设置、全景效果图制作等来实现。通过本项目的学习，可以了解并掌握 3ds Max 中基本场景动画效果的设置以及全景效果图的制作。

学习要点

（1）场景动画效果的设置；
（2）全景效果图的制作。

10.1 概述

三维动画也叫 3D 动画，是近年来炙手可热的新兴技术。三维动画比平面动画有更直观的体验，既能给观赏者以身临其境的感觉，又能创造出梦幻般的特效场景，因此被广泛应用于建筑漫游、产品演示、影视特效、游戏动画等领域。

3ds Max 中动画命令菜单在右侧操作面板，动画参数设置在操作界面的上方菜单栏，动画帧进度条在操作视图的下方，用于调整、预览所设置的动画效果，如图 10-1 所示。

可以通过不同的约束方式，使物体或摄影机沿着某个路径移动，以"路径约束"的动画制作效果为例，可以使图 10-2 所示的球体沿着曲面轨道运动，得到一个动画效果。

通过下方的动画帧进度条，可以使物体在任意位置停止或前进，如图 10-3 所示。

146　3ds Max 基础与实例教程

图 10-1

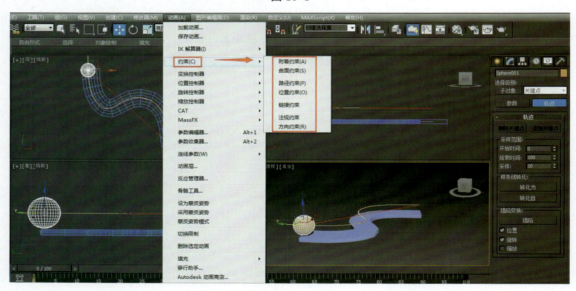

图 10-2

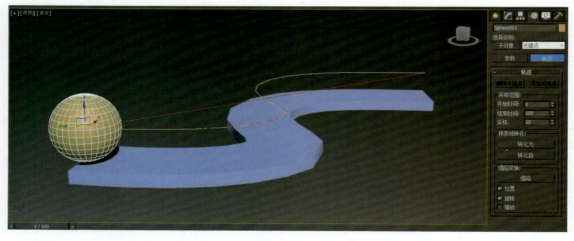

图 10-3

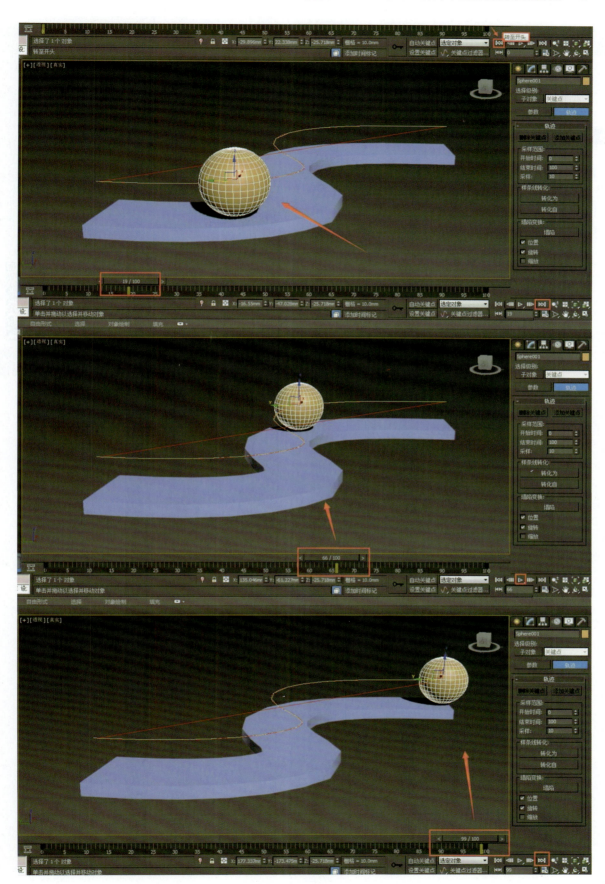

图 10-3（续）

10.2 场景动画效果的设置

下面通过对摄影机进行轨道约束，营造出一个人进入客厅的动画效果。

案例实战

制作场景动画效果

作品完成效果（图10-4）：

展示其中四帧，具体场景动画效果参照二维码教学视频。

制作场景动画效果

图 10-4

项目 10　场景动画效果及全景效果图的制作

制作思路：

（1）使用 VR- 物理摄影机为场景设置摄像角度和参数。
（2）使用"路径约束"命令创建摄影机运动路径。
（3）调整摄影机参数，设置动画帧，观察动画效果。

制作步骤：

（1）在顶视图中创建 VR- 物理摄影机，将 VR- 物理摄影机的方向调整为正对场景，如图 10-5 所示。
（2）在顶视图中用二维线条绘制摄影机移动轨迹，如图 10-6 所示。
（3）选择摄影机，在菜单栏中选择"动画"→"约束"→"路径约束"命令，使摄影机镜头与路径相关联，如图 10-7 所示。
（4）在摄影机视图中，调整摄影机的视角，拖动下方动画帧进度条进行播放，预览移动效果。由于整个过程是动态的，截取其中一帧的图片，如图 10-8 所示。

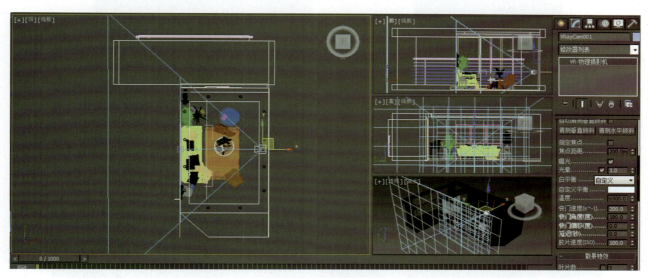

图 10-5

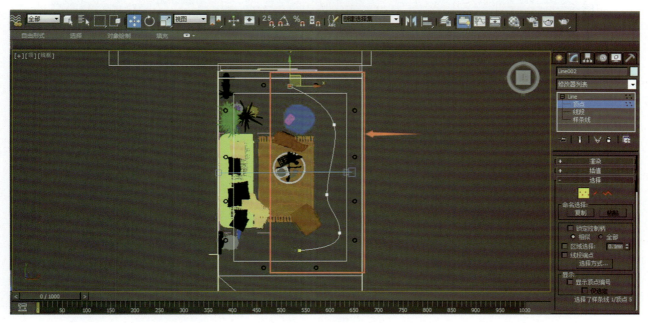

图 10-6

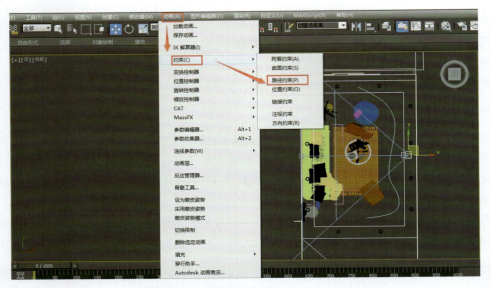

图 10-7

图 10-8

(5)调整渲染参数,可选择渲染每一帧或者指定帧,如图 10-9 所示。

(6)其中 10 帧的图像展示如图 10-10 所示。后期还可以通过 Premiere 软件生成动态影像。

图 10-9

图 10-10

10.3 全景效果图的制作

可以利用 3ds Max 软件制作全景效果图，并通过一些在线 APP 制作虚拟场景，以更好地展示设计作品。

案例实战

制作全景效果图

作品完成效果（图 10-11）：

制作全景效果图

图 10-11

制作思路：

（1）使用自由摄影机为场景设置摄像位置。
（2）设置渲染参数，渲染全景效果图。
（3）利用 APP 制作全景效果图，生成二维码，生成手机端 VR 虚拟现实场景。

制作步骤：

（1）在顶视图中创建自由摄影机，将自由摄影机的位置放在全景视图的正中央，如图 10-12 所示。

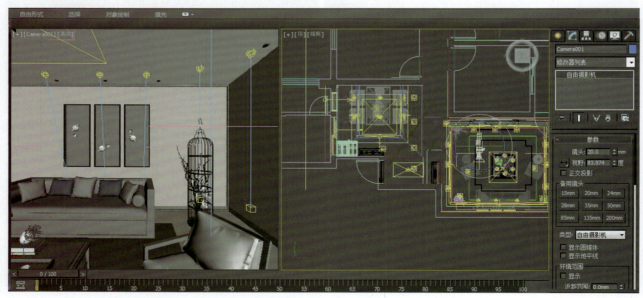

图 10-12

（2）打开"渲染设置"对话框，设置摄影机参数，将"公用"选项卡中的输出大小比例更改为 2∶1（注意这里必须为 2∶1，至于像素大小当然是越大质量越好，不过也要根据实际情况选择），如图 10-13 所示。

（3）在"渲染设置"对话框中找到"V-Ray"选项卡中的"摄影机"卷展栏，"类型"选择为"球形"，"视野"调整为 360，如图 10-14 所示。

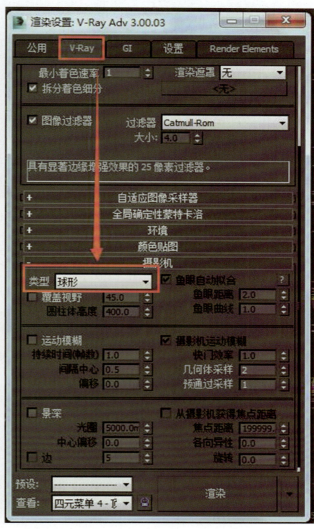

图 10-13　　　　　　　　　　　　　　　　图 10-14

（4）将场景切换为顶视图与摄影机视图，在顶视图中移动摄影机位置，尽量在需要看到的 360 度场景的中央，并移动摄影机目标点，360 度移动观看场景，作出调整，争取能看到最好的位置，如图 10-15 所示。

（5）利用 APP 将全景效果图导入，观看虚拟空间效果，可以通过生成并扫描二维码来观察 VR 场景，如图 10-16 所示。

3ds Max 基础与实例教程

图 10-15

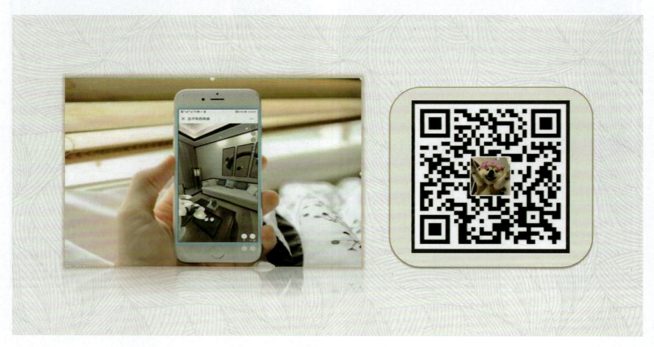

图 10-16